陕西省农业机械安全协会

联合收割机安全使用读本

行学敏　王拴怀　主编

中国农业科学技术出版社

图书在版编目(CIP)数据

联合收割机安全使用读本 / 行学敏，王拴怀主编．—北京：中国农业科学技术出版社，2014.6

ISBN 978-7-5116-1652-4

Ⅰ.①联… Ⅱ.①行…②王… Ⅲ.①联合收获机—问题解答 Ⅳ.①S225.3-44

中国版本图书馆 CIP 数据核字(2014)第 102786 号

责任编辑 姚 欢
责任校对 贾晓红

出 版 者 中国农业科学技术出版社
北京市中关村南大街 12 号 邮编：100081
电 话 (010)8206636(编辑室) (010)82109702(发行部)
(010)82109709(读者服务部)
传 真 (010)82106650
网 址 http://www.castp.cn
经 销 者 各地新华书店
印 刷 者 北京富泰印刷有限责任公司
开 本 889mm×1 194mm 1/32
印 张 5.125
字 数 137 千字
版 次 2014 年 6 月第 1 版 2014 年 6 月第 1 次印刷
定 价 15.00 元

《联合收割机安全使用读本》

编委会

主　编

行学敏　王拴怀

编　写

（以编写章节为序）

孙斌县　杨　波　侯　波

雷西军　王拴怀　王福利

序

联合收割机是重要的农业机械之一，机械化收获又是现代农业必不可少的一个主要生产环节。改革开放以后，尤其是进入21世纪以来，在党的强农惠农富农政策的引领下，陕西的联合收割机得到迅猛发展。从牵引式、背负式到悬挂式、自走式，从小麦收割机到玉米、水稻收割机，研制生产了比较成熟的、系列化的收获机械，基本满足了全省三大区域不同地区、不同作物、不同农艺的要求，收获机械呈现出科技含量越来越高，机械装备越来越新，门类品种越来越全，发展速度越来越快的特点和机具多样化、功能集成化、动力大型化、服务社会化的发展趋势，走出了以跨区机械化收获为鲜明特征的农业机械化发展道路。截至2012年年底，全省共拥有各类联合收割机3.2万多台，小麦、玉米、水稻三大农作物收获机械化水平分别达到81.6%、37.3%和54%。

随着收获机械技术含量的不断提升，其安全性、可靠性和作业效率正被广大农民认可，并作为农机致富的首选机械化技术，成为农户增收的主要途径之一。但与此同时，由于种种原因，联合收割机事故又是各类农机事故中占比最高的领域，从近几年的统计数字看，事故起数和伤亡人数分别占到农机事故总数的87.22%和51.37%，其中一个重要的原因就是对联合收割机驾驶操作人员的安全教育培训跟不上。

陕西省农机安全协会主要职责之一，就是协助农机安全主管部门开展宣传普及农机安全科技知识，组织会员进行农机安全知识培训。为此，特意组织农机管理专业人员和科研教学工作者编写了这本《联合收割机安全使用读本》，从联合收割机的基本构造、保养调整、安全作业、故障排除到相关政策法规和事故施救上进行了问答式的介绍，通俗易懂、实用性强，特别适合联合收割机驾驶操作人员阅读。

我相信，只要广大联合收割机驾驶操作人员和农机安全监理人员认真贯彻“安全第一，预防为主”的方针，刻苦学习先进科技知识，熟练掌握安全驾驶操作技能和事故施救及处理技术，深刻吸取过去事故教训，联合收割机安全事故一定会大幅减少，农机安全形势一定会根本好转，希望这本书的编写发行能起到此作用。

是为序。

陕西省农业机械安全协会理事长 

2014 年 5 月

目　录

第一章　基本构造与常识

1 什么是联合收割机?

联合收割机是将收割机和脱粒机用中间输送装置联结成为一体的一种农业机械。它能一次性完成农作物收割、脱粒、分离、清选和集粮等工作程序,直接获得清洁的谷粒,其生产率高,损失小。对减轻农业劳动强度,提高生产率,降低农业生产成本,争取农时和促进农业丰产丰收有着重要的作用。随着我国农业机械化程度的不断提高,联合收割机在收获作业中已逐渐普及,通过跨区作业,联合收割机已成为农民机手们增收的重要途径和载体。

2 联合收割机是怎样分类的?

联合收割机按收获作物的名称,分为小麦联合收割机、水稻联合收割机、稻麦联合收割机、玉米联合收获机、油菜联合收割机等;按喂入量(或割幅)分,可分为大型、中型、小型三类;按动力供给方式分为牵引式、自走式和悬挂式(也叫背负式)三类;按喂入方式分为全喂入式、半喂入式两类;按操纵装置分为方向盘式、操纵杆式。按行走方式和底盘结构的不同分为轮式、履带式和半履带式;轮式收割机主要以收获小麦为主,收获水稻时容易下陷,而且作业效果也不太理想;水稻收割机主要以履带式为主,履带式收割机又有全喂入式和半喂入式之分。

3 什么叫牵引式联合收割机?

牵引式联合收割机工作时由拖拉机牵引，机组较长，机动性较差，不能自行开道，不适合小地块作业，一般多用小型联合收割机。

4 什么叫自走式联合收割机?

自走式联合收割机是把收割机和脱粒机成 T 型配置，具有底盘和发动机，结构紧凑，机动性好，能自行开道和进行选择收割，移动方便，生产率高，但造价较高。

5 什么叫悬挂式联合收割机?

悬挂式(也叫背负式)联合收割机是把收割机悬挂在拖拉机上，由拖拉机做动力带动收割机作业。联合收割机的割台置于拖拉机前方，脱粒机位于拖拉机的后方，此类联合收割机的机动性较好，价格低廉，“三夏”、“三秋”后拖拉机还可以一机多用。

6 什么叫全喂入式联合收割机?

这种机型是将收获作物切割后，把茎秆和穗头全部喂入脱粒装置，然后进行脱离、清选。按谷物通过滚筒的路径不同，又可分为切流滚筒和轴流滚筒两种。目前，使用的小麦联合收割机多为此类型。

7 什么叫半喂入式联合收割机?

这种机型是用收割机的夹持输送装置夹住作物茎秆，送入脱粒机构，但只将穗部喂入滚筒进行脱粒，而秸秆仍然完整保留。由于茎秆不进入脱粒器，简化了结构，降低了功率消耗，还保持了茎秆完整，茎秆可供其他方面应用，但对进入脱粒装置前的茎秆整齐度要求较高。这种形式的联合收割机生产率较低，目前，主要用于小型水稻联合收割机。

8 什么叫割前脱粒式联合收割机?

这种机型是近几年来开始试验研究的一种新机型。联合收割机收获作物时,用梳脱台将站立在田间的农作物穗头梳去或送入脱粒机脱粒,然后清选,而作物秸秆不被切割断,仍站立在田间。这种结构作业效率高,消耗功率少,但目前在实际生产中还未得到推广应用。

9 如何区分大型、中型、小型联合收割机?

大型:一般喂入量在 5 千克/秒以上或割幅在 3 米以上的联合收割机为大型联合收割机。

中型:一般喂入量在 3～5 千克/秒或割辐在 2～3 米的联合收割机为中型联合收割机。

小型:一般喂入量小于 3 千克/秒或割辐在 2 米以下的联合收割机为小型联合收割机。

10 联合收割机型号的含义是什么?

按照我国原机械工业部《农机具产品编号规则》的规定,联合收割机的型号由牌号、型号和名称组成。

牌号:主要供识别产品用,常用地名、物名及其他有意义的名词或与主要参数共同组成,列于产品名称之前。

型号:以阿拉伯数字(简称数字)和汉语拼音字母(简称字母)来表示机具的类别和主要特征。

名称:是机具的基本名称,如“玉米联合收获机”、“稻麦联合收割机”等。

以“中国收获 4LZ—6B 谷物联合收割机”为例:“中国收获”是牌号,即商标;“4LZ—6B”是型号;“谷物联合收割机”是名称。其中,型号中的“4”代表农业机械的分类,联合收割机在农业机械中分在第 4 大类,所以凡开头数字为“4”的即为收割机。“L” 即“联”字汉语拼音的第一个字母,代表联合收割机,“Z”代表自走式。同时,“L”也代表稻麦型联合收割机。“6”表示该收割机的喂入量,即每秒钟内喂入联合收割机的谷物量,其单位为千克/秒。另外应注意,用喂入量这个主参数表示的联合收割机是全喂入式,而半喂入机型的主参数则是割辐,如4L—130型,其中“130”表示割辐为1.3米。在玉米收获机中,主参数为收割行数,4Y—2型中的“2”表示每个行程收获2行。

11 选购联合收割机应注意哪些事项?

选购联合收割机前,必须考虑当地的自然条件、土地情况和农艺对机械要求。由于不同型号的联合收割机适应的工作条件不同,在选购时必须考虑当地的自然条件。如本地的耕地是山地还是丘陵,是平原还是坡地,田块有多大,作物植株有多高,作物秸秆是否还有用,当地年收入是多少,人工收割1/15公顷(1亩)的成本是多少,收割水稻时还应考虑水田泥脚深度是多少,应根据这些条件来选购联合收割机。

12 联合收割机的品牌、型号以及配套动力怎样选择?

(1) 选购联合收割机时,要尽量选择由大型企业生产的,在社会上保有量多的名牌产品。首先,根据自己购买联合收割机的目的、服务范围、收割作物的特点和自己的经济条件来确定要购买联合收割机的型号和配套动力。如果自己已有36.75千瓦(50马力)以上的轮式拖拉机,且只想在本村或邻村附近进行收获服务,可以买1台与轮式拖拉机配套的悬挂式联合收割机;如果购机后要以跨区机收作业为主,那么就应该选购大中型自走式联合收割机。由于机器配套动力不同,其价格也会相差较大,因此,购买自走式联合收割机时要按需要配套选购,才能获得较高的经济效益。

(2) 要查验你所购买的联合收割机的农业机械推广许可证、合格证、说明书及技术资料。农业机械推广许可证是农机产品质量可靠的重要标志之一,合格证是联合收割机登记上牌的必备资料,说明书及技术资料是安全驾驶操作、正确磨合与维护保养的重要

依据。

(3) 在选购联合收割机时，一定要了解生产厂家或经销商的售后服务是否有保证，零配件供应是否充足。因为联合收割机作业的季节性很强，如果没有切实有效的售后服务措施和充足的零配件供应，联合收割机一旦在作业期间发生故障，则会贻误作业时机，造成很大经济损失。

13 怎样挑选联合收割机?

确定好你要购买的联合收割机品牌、型号以及配套动力后，选准机型，仔细挑选：

(1) 察看联合收割机外表有没有油漆严重脱落，有无刮、撞、擦痕；检查有无漏油、漏水、漏电情况，各种仪表指示是否正确；各部位零件是否齐全完好，各传动机构是否灵活可靠，焊接件有无脱焊等。

(2) 外观检查结束后，启动发动机低速运转30分钟，听发动机声响、看排气烟色是否正常，然后接合切割、输送、脱离合器，让发动机低速、中速、高速各运转20分钟，检查切割、输送、脱粒、清洗等部件在各种转速下工作是否正常，最后进行空驶试运转，看离合、变速、转向、制动、割台升降等是否正常。

14 稻麦联合收割机主要由哪些系统组成?

联合收割机主要由发动机(悬挂式由拖拉机提供动力)、割台系统、脱粒清选系统、粮箱、电器系统、操纵系统、驾驶室、动力系统、底盘机架、变速箱及行走系统组成。

发动机：联合收割机发动机多为柴油发动机，主要为联合收割机工作和行走的动力。

割台系统：具有收集、切割作物并在拨禾轮的扶持作用下使作物进入割台搅龙，输送到过桥，通过过桥输送到脱粒机体。

脱粒清选系统：实现作物脱粒、分离及清选功能。

粮箱：存贮籽粒容器。

电器系统：实现机器照明、工作元件监控、机器启动。

操纵系统：实现机器的作业及行走的控制。

驾驶室：用于操作者遮阳、挡雨。

动力系统：提供机器的动力输出。

底盘机架：用于整机的重量支撑和各部件的联接。

变速箱及行走系统：实现转向及行走功能。

15 稻麦联合收割机是怎样工作的？

联合收割机前进中，拨禾轮首先将谷物向后拨送和引向切割器，同时切割器将谷物割下后，继续被拨禾轮推向割台搅龙，割台搅龙将割下的谷物推集到割台中部的喂入口，由搅龙的伸缩齿将谷物拨向过桥，经链耙送入切流滚筒，然后切向抛入轴流滚筒，谷物在轴流滚筒和上盖导草板作用下从右向左螺旋运动，同时在脱粒元件和分离元件作用下完成脱粒和分离，并且长茎秸秆被轴流滚筒左段分离元件从排草口抛出。从轴流滚筒凹板分离出的籽粒、颖糠、碎茎秆、杂余等脱出物分别由第一分配搅龙和第二分配搅龙推集到清选室入口，在抛送板作用下相继落到抖动板上。脱出物在抖动板振动下，由前向后跳跃运动，使物料分层，即籽粒下沉，颖糠和碎茎秆上浮。当跃到抖动板尾部栅条时，籽粒和颖糠等碎小混合物从栅条缝隙落下，形成物料幕，在风扇气流作用下落入筛箱不同部位，而碎茎秆杂余被栅条托着进一步分离。初分离物料进入清选室后，在风扇的作用下，籽粒从筛孔落下被籽粒搅龙右推，经籽粒升运器和粮仓均粮搅龙均匀送入粮箱。未脱净的穗头经下筛后段杂余筛孔落入杂余搅龙，被推送到右端复脱器，经复脱后抛回上筛进行再筛选。

16 稻麦联合收割机有哪些操纵机构和仪表开关装置？

驾驶室主要操纵机构有：两用机预留手柄、拨禾轮升降手柄、割台升降手柄、无级变速手柄、变速操纵杆、手油门操纵手柄、方向机总成、卸粮离合操纵手柄、主离合操纵手柄、离合器踏板、制动器

踏板、脚油门、驻车制动操纵手柄、熄火拉钮。

仪表开关装置主要有：割台灯开关、粮仓灯开关、后照灯开关、风扇开关、充电器插座、水温表、机油压力表、计时器、复脱器报警器、转向指示灯等。

17 联合收割机驾驶操纵机构在使用中应注意什么？

（1）操纵主离合器的原则是快离慢接，即接合时，必须在割台前无负荷、中小油门转速下缓慢前推操纵杆，接合动力；分离时，应敏捷地退回操纵手柄，切断动力。

（2）操纵卸粮离合器时应快离慢接，即在停车卸粮时，适当加大油门并缓慢前推操纵手柄，接合动力卸粮，不允许在粮食未卸完的情况下中断卸粮，再二次卸粮，以避免卸粮负荷激增，烧坏卸粮“V”型带。接合卸粮离合器手柄前应保持出粮口畅通，以免损坏卸粮搅龙轴承。

（3）操纵行走离合器时也应快离慢接，即离合器分离时，要迅速将其踏板踩到底；接合时则应缓慢松放踏板。离合器分离时间不应太长，更不允许经常把脚放在离合器踏板上，使离合器呈半接合状态，否则，极易引起摩擦片快速磨损。

（4）操纵无级变速手柄，应缓慢连续多次完成。严禁“狠压猛提”，避免引起传动带脱带和造成传送带冲击拉伤。

（5）不得在驻车状态下操纵方向盘。

（6）扳动手油门时务必同时踏下脚油门踏板。

18 联合收割机怎样进行试运转？

新购或大修后的联合收割机作业前，要进行60～100小时的试运转，也叫磨合。试运转时应当注意，需严格按照说明书的要求选择添加相应的油品，包括燃油、机油、齿轮油、液压油、润滑油等。在日常的使用中也应当根据季节、气温的不同，选择添加合适的油品，以提高联合收割机的使用寿命。

（1）发动机的空转磨合。发动机磨合时，应先使发动机由低速

到高速进行无负荷空转磨合，一般选用正常转速（标定转速）的1/3、1/2、3/4直至正常转速。每个速度阶次用时5～10分钟。观察发动机的油压、水温、旋风罩及无级变速的运转等情况，排除异常现象。

（2）整机试运转。固定试运转：将联合收割机停放在平坦地面，先用小油门低速运转，在怠速状态下分别结合主离合器、卸粮离合器、运转8～10小时，观察各部分的运动情况，排除异常现象；然后逐渐加大油门至中油门，运转8～10小时，观察各部运转情况，排除异常现象；再逐渐加大油门至正常转速运转8～10小时，并操纵液压升降机构，观察其工作是否灵活、可靠。在试运转过程中，间隔30分钟停车检查一次，看各传动轴承有无发热、各紧固件有无松动等，发现问题及时调整、排除故障。

行走部分空运转：在较平坦的地面，由一挡开始起步，逐步提高挡位，行走试车20～30小时，检查转向、制动是否灵活可靠，各操纵杆有无卡滞现象，行走是否稳定，齿轮箱和液压油管处有无漏油，液压、电系是否正常等。确定机器空运转正常后，方可进行负荷试运转。

负荷试运转：选择平坦地块内无倒伏、成熟度适中的谷物进行试割，从低挡开始，逐渐增加负荷（喂入量），直至额定负荷。负荷试运转时间在30小时以上，每15小时要对收割机进行全面的检查、调整和润滑，排除故障隐患。在试割过程中要注意检查机器各部分的工作情况，并对各工作装置进行调整，使联合收割机作业质量达到要求。

负荷试运转完成后，要对机器进行全面技术状态检查，并按班次保养项目进行技术保养。试运转后的联合收割机可投入正常作业。未进行试运转的联合收割机不得进入作业状态。

19 稻麦联合收割机割台系统主要由哪些部件组成？

割台系统主要由拨禾轮、切割器、割台搅龙、倾斜输送器（过桥）、割台体等组成，如图1-1所示。

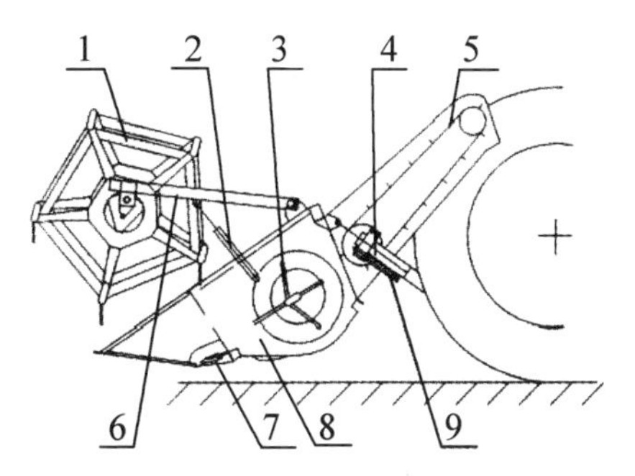

图 1-1　联合收割机割台系统

1. 拨禾轮　2. 拨禾轮升降油缸　3. 割台喂入搅龙　4. 割台升降油缸
5. 倾斜输送器(过桥)　6. 拨禾轮支架　7. 切割器　8. 割台体　9. 定尺调解螺杆

20 怎样调整拨禾轮?

拨禾轮的调整主要有位置高低、前后位置、弹齿倾角以及转速4个方面的调整。

(1) 拨禾轮高低位置的调整。拨禾轮的高低位置可通过驾驶室内拨禾液压升降手柄操纵拨禾轮油缸的伸缩来实现,如图 1-2 所示。

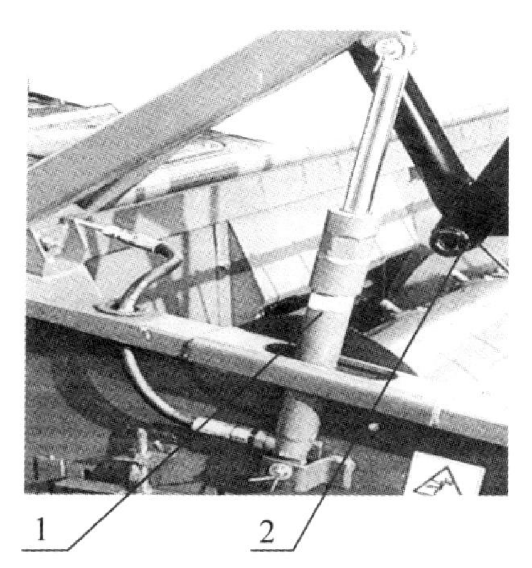

图 1-2　拨禾轮高低位置调整装置

1. 拨禾轮油缸　2. 拨禾轮

调整原则:根据实际的作业情况,通过操控手柄,实现拨禾轮高低位置的调整。收割一般直立生长作物和高秆大密度作物,以弹齿轴拨在谷穗下方,约整个茎秆的2/3高处为宜;收获稀矮和倒伏作物时,拨禾轮应尽可能下降接近护刃器。拨禾轮放在最低和最后位置时,弹齿距喂入搅龙及护刃器的最小距离均不得小于20毫米。

(2) 拨禾轮前后位置的调整。移动拨禾轮轴承座调节时先调节升降支臂上的位置(图1-3)。调节时先取下传动"V"型带,再取下支臂上的固定插销,然后移动拨禾轮。移动必须左右同时进行,并注意保持两边相对固定孔位,然后插入插销。调节后,应重新调整弹簧对挂结链条的拉力,使传动"V"型带张紧适度。

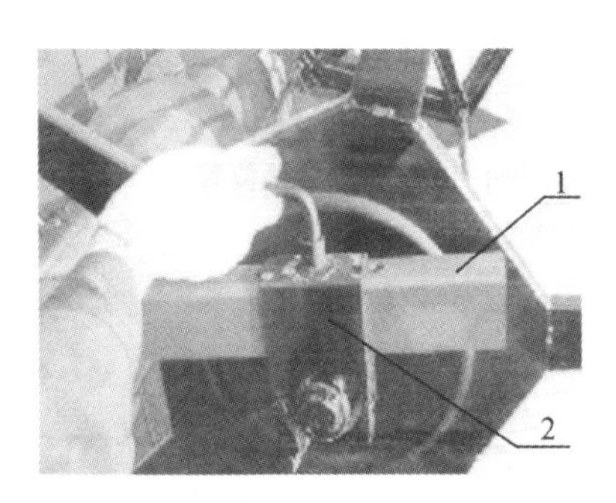

图1-3 拨禾轮前后位置调整

1. 升降支臂 2. 轴承座

调整原则:在收割一般直立作物时,将拨禾轮调到其轴距护刃器前梁垂线250～300毫米处。收割倒伏农作物时,若顺作物倒伏方向收割,尽可能前调拨禾轮的位置;若逆作物倒伏方向收割,尽可能后调拨禾轮的位置。收割高秆大密度作物,尽量前调拨禾轮;收割稀矮作物,后移拨禾轮接近喂入搅龙。

(3) 拨禾轮弹齿倾角的调整。调节时松开紧固螺栓,然后转动调整板(图1-4),使调整板相对拨禾轮轴偏转,同时带动拨禾轮轴和弹齿偏转,偏转到所需要角度后,将调整板和升降架上轴承座固定板螺孔对准,将螺栓固定。

调整原则:收割直立生长作物时,弹齿垂直向下;收割倒伏

作物时，弹齿向后偏转。拧下拨禾轮转盘的固定螺栓，前转或后转拨禾轮，实现弹齿倾角的调整。调整后，一定要紧固好螺栓。

图 1-4　拨禾轮弹齿倾角的调整

1. 调整板　2. 紧固螺栓

(4) 拨禾轮转速的调整。拨禾轮转速由拨禾轮变速轮调速手柄操纵实现(图 1-5)。调整拨禾轮转速时，必须在拨禾轮运转中转动变速轮调速手柄才能调速，当顺时针转动时，拨禾轮转速加快；逆时针时，转速减慢。

图 1-5　拨禾轮转速调整

调整原则:转速调整必须在拨禾轮空转的情况下进行,顺时针方向旋转手柄,实现拨禾轮转速加快,反之则慢。具体调节量应根据作业时拨禾轮输送作物的顺畅效果控制,比如收割高秆大密度作物或作物较干燥易被打掉籽粒时,拨禾轮圆周速度比机器前进速度略低;对其他作物,拨禾轮圆周速度比机器前进速度略高。

21 如何根据收获作物实际状态调整拨禾轮?

(1) 收获一般直立作物时的调整。收获一般直立生长作物时,拨禾轮调整示意如图 1-6 所示。

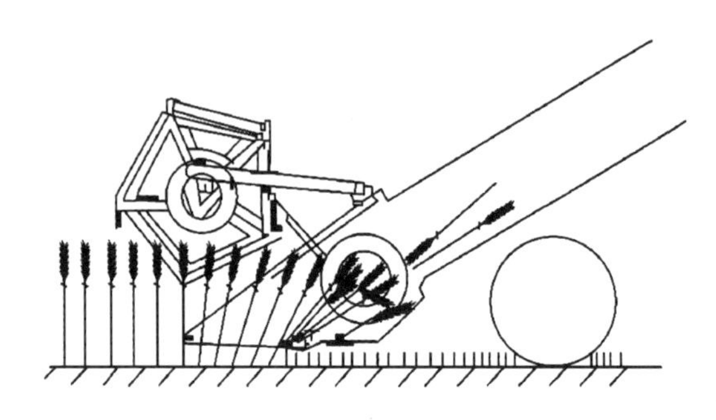

图 1-6　收获一般直立作物时拨禾轮调整示意

弹齿角度:垂直地面。

前后位置:一般将拨禾轮轴调到距护刃器前梁垂线 350～400 毫米处。

高低位置:一般将弹齿轴拨在作物高度的 2/3 处为宜。

转速:根据收割行走速度作相应调整,行走速度高时用高速,行走速度低时用低速。

(2) 收获一般倒伏作物时的调整。收获一般倒伏作物时,拨禾轮调整示意如图 1-7 所示。

弹齿角度:向后偏转。

前后位置:顺倒伏方向收割时拨禾轮尽可能靠前,逆倒伏方向收割时应靠近护刃器位置。

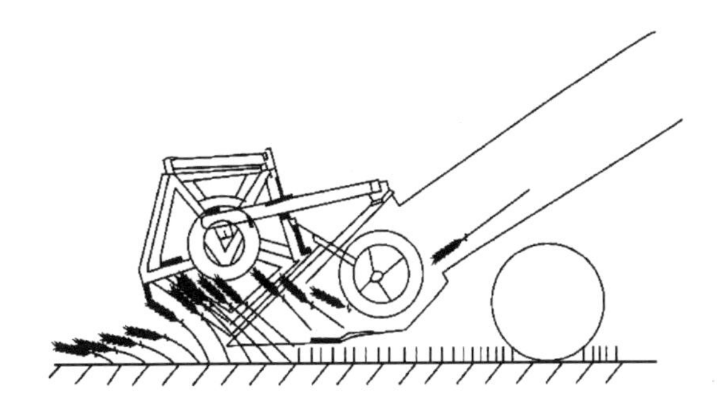

图 1-7　收获一般倒伏作物时拨禾轮调整示意

高低位置:放至最低。

转速:根据收割行走速度作相应调整,行走速度高时用高速,行走速度低时用低速。

(3) 收获高秆大密度作物时的调整。收获高秆大密度作物时,拨禾轮调整示意如图 1-8 所示。

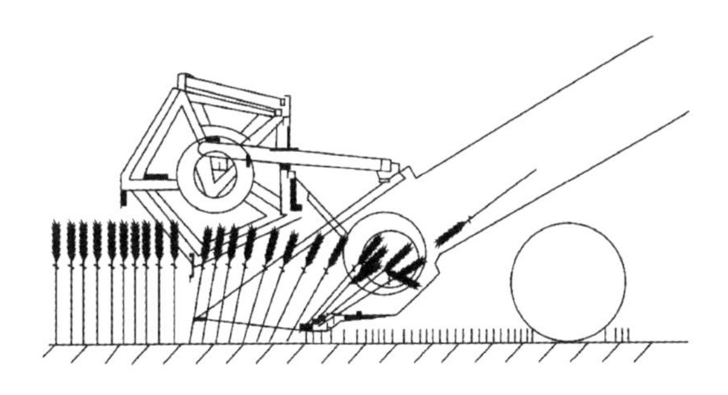

图 1-8　收获高秆大密度作物时拨禾轮调整示意

弹齿转角:略向前偏转。

前后位置:前调。

高低位置:以弹齿轴拨在作物高度的 2/3 处为宜。

转速:根据收割行走速度作相应调整,行走速度高时用高速,行走速度低时用低速。

(4) 收获稀矮作物时的调整。收获稀矮作物时,拨禾轮调整示意如图 1-9 所示。

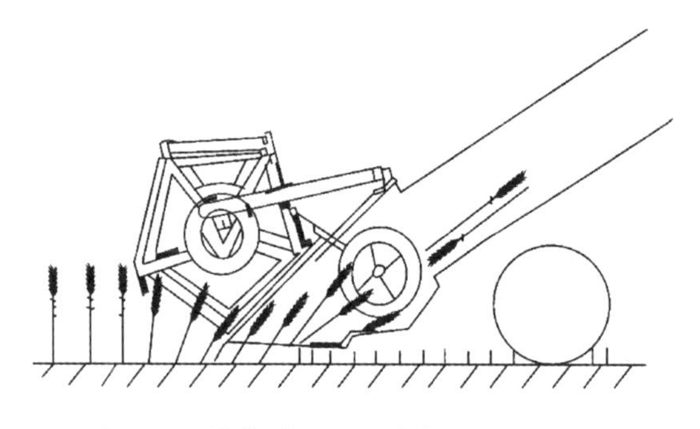

图 1-9 收获稀矮作物时拨禾轮调整示意

弹齿倾角:向前偏转。

前后位置:尽可能后移接近喂入搅龙。

高低位置:尽可能下降接近护刃器。

转速:根据收割行走速度作相应调整,行走速度高时用高速,行走速度低时用低速。

22 怎样调整切割器?

联合收割机切割器的调整主要有:护刃器的水平调节、压刃器的调节、对中调整三项。

(1) 护刃器的水平调节。所有护刃器的工作面应在同一平面上。动刀片与护刃器的工作面应贴合,其前端允许有不大于 0.7 毫米的间隙,后端允许有不大于 1.5 毫米的间隙,但其数量不得超过全部的 1/3。

调整方法:可以用一截管子套在护刃器尖端校正,也可以用榔头轻轻敲打校正。

(2) 压刃器的调节。动刀片和压刃器工作面之间的间隙范围在 0.1～0.5 毫米。

调整方法:加减调整垫,或用榔头轻轻敲打压刃器。调整后动刀片应左右滑动灵活。

(3) 对中调整。动刀片处于两端极限位置时,动刀片中心线与

护刃器中心线应重合，其偏差不大于5毫米。

调整方法：让摆环箱的摆臂处于相应的极限位置，调整刀头和弹片之间的位置。

23 割台搅龙怎样进行调整？

割台搅龙调整：割台搅龙叶片与割台底板之间的间隙、割台搅龙叶片与后壁之间的间隙、伸缩齿与割台底板之间的间隙。

（1）割台搅龙叶片与割台底板之间的间隙调整。首先松开割台搅龙传动链条张紧轮，然后将割台两侧壁上的螺母松开，再将右侧的伸缩齿调节螺母松开，按需要调整搅龙叶片和底板之间的间隙量，拧转调节螺母使割台搅龙升起或降落，如图1-10所示。

调整后还必须完成以下检查工作：一是检查割台搅龙和割台底板母线平行度，使沿割台全长间隙分布一致；二是检查并调整割台搅龙链条的张紧度；三是检查伸缩齿伸缩情况，测量间隙是否合适；四是拧紧两侧壁上的所有螺母。

调整参考值：对一般作物为15～20毫米；对稀矮作物为10～15毫米；对高大稠密作物和固定作业为20～30毫米。

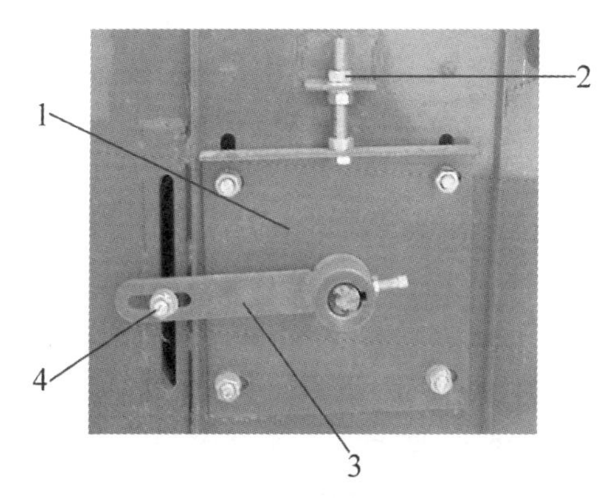

图1-10　割台搅龙叶片与割台底板之间间隙的调节

1. 右调节板　2. 调节螺母　3. 伸缩齿调节手柄　4. 螺母

（2）割台搅龙叶片与后壁之间的间隙调整。首先松开割台搅龙传动链条张紧轮，然后将割台两侧壁上的螺母及调节螺母松开，再将右侧的伸缩齿调节螺母松开。按需要调整的搅龙叶片和后壁之间的间隙量，移动左右调节板使割台搅龙向前或往后。移动时应保证两边移动量一致，最后锁紧螺母。

调整参考值：一般为 20～30 毫米，与后壁上的防缠板的间隙为 10 毫米左右，目的是防止搅龙缠草。

(3) 伸缩齿与割台底板之间的间隙调整。松开螺母，松动伸缩齿调节手柄，即可改变伸缩齿与底板间隙。调整时，将手柄向上转，间隙减小；向下转，间隙变大。调整完后，必须将螺母安装牢固。

调整参考值：对一般作物应调整为 10～15 毫米；对稀矮作物调整为不小于 6 毫米，对于高粗秆稠密作物应使伸缩尺前方伸出量加大，以利于抓取作物，避免缠绕作物。

24 脱谷分离系统由哪些部件组成？

脱谷分离系统主要由轴流滚筒、第一分配搅龙、切流滚筒、喂入口过度板、切流滚筒凹板、切流滚筒凹板过渡板、第二分配搅龙、活动栅格凹板、凹板调节手柄、调节螺杆、固定栅格凹板等组成。

25 怎样调整脱谷分离系统？

以 4LZ—2.5 型自走式谷物联合收割机为例，脱谷分离系统的调整主要有：滚筒转速和板齿滚筒转速调整、轴流滚筒活动栅格凹板出口间隙的调整。

(1) 滚筒转速和板齿滚筒转速的调整。轴流滚筒有两种转速，收割机出厂时为高速。对特殊作物可将中间轴皮带轮和轴流滚筒皮带轮对换，实现低速。切流滚筒和轴流滚筒之间是采用链传动，可以对两滚筒进行不同的链轮配置，实现八种不同的板齿滚筒速度，以满足不同作物的脱粒分离要求。

(2) 轴流滚筒活动栅格凹板出口间隙的调整。轴流滚筒活动栅格凹板出口间隙是指该滚筒纹杆段齿面与活动栅格凹板出口处

的径向间隙，该间隙分为四挡，即 5 毫米、10 毫米、15 毫米、20 毫米，分别由活动栅格凹板调节机构手柄固定板上四个螺孔定位。手柄向前调整间隙变小，向后调整间隙变大。调整完毕后，凹板左右间隙应保持一致，其偏差不得大于 1.5 毫米，必要时可通过调节左、右调节螺杆调整。

26 清选系统由哪些部件组成？

联合收割机清选系统主要由：筛箱、驱动机构、风机等部件组成。

27 清选系统筛子在使用中应注意什么？

筛子由上筛、下筛和尾筛组成，在使用中应注意以下事项。

（1）上筛。由大鱼鳞筛片组成，构成粗筛，由两个调节手柄分别控制前段和后端筛片开度，筛片开度在 0°～45°可调。调节手柄操作时应首先向下压，然后根据需要左右调整筛片开度。

（2）下筛和尾筛。下筛由小鱼鳞筛片组成，构成籽粒筛；尾筛为大鱼鳞筛片，构成杂余筛。分别由两个调节手柄控制开度，筛片开度在 0°～45°可调。

（3）筛片开度调整应与清选风机调整匹配，有机结合，以达到籽粒损失少，粮箱籽粒含杂率低的目的。基本原则是：上筛在粮箱籽粒含杂率允许的前提下，开度尽可能大一些为好，在收大籽粒或杂草多的潮湿作物时更是如此，并且前段开度略小于后端开度。下筛对清选质量影响较大，一般以较小开度为宜，但下筛后段应尽可能开大些，特殊情况下因作物杂草过多，容易造成复脱器堵塞时，应适当将开度关小。在不同田间作业条件下，只有通过试割观察调整，运用以上原则，才能达到满意的清选效果。

（4）鱼鳞筛在作业期间必须停机进行班次清理，清除筛片间麦芒以及茎秸杂物堵塞，必要时每班清理多次，以保证足够筛分面积和气流通道。在清理时用钩子钩刮，或将筛子抽出清除。注意不要碰伤筛片。

(5) 在筛箱上安装上下筛时，螺栓必须拧紧，防止松动，避免筛子掉落下来。

28 清选风机在使用中应注意什么?

联合收割机的清选风机一般为离心式结构，主要由蜗壳、叶轮、风机轴、调风板、链轮、皮带轮等组成。

调风板用来改变进气口开度，调节进气风量。常用两片，分别对左右进气口开度进行调节。安装叶轮时，应确保叶片两端与蜗壳内侧间隙一致。

风机转速为有级可调，通过改变风扇皮带轮工作直径实现转速调整，出厂时风机转速在中间位置。在收割过程中，应根据不同的田间作业条件适时进行调整，以获得适宜的风量，提高清选效果。同时注意风机风量调节应与筛片开度匹配。调整方法：动轮与定轮之间增加垫片，则风扇转速提高；减少垫片，则转速减低。

29 籽粒升运器使用中应注意什么?

籽粒升运器由籽粒搅龙、链轮、刮板链条、均粮搅龙等组成。使用中应注意：升运器使用一段时间后，刮板链条会伸长，应及时调整。调整方法：松开张紧螺栓、螺母，调节该螺栓，上提张紧板，刮板链条张紧；反之放松。在调节张紧螺栓时应两侧同步调整，并要注意保持链条轮轴的水平位置，不得偏斜，不得水平窜动。

链条的张紧度应适宜，检查方法：在升运器壳底部开口处用手转动刮板输送链条，能够较轻松地绕链轮转动为适度，或试车空转时未能听见刮板输送链条对升运器壳体的颤动敲击声为宜。

30 粮箱在使用中应注意什么?

粮箱部分包括粮箱体、卸粮搅龙、出粮斗、卸粮传动装置、卸粮离合器等。在使用过程中应注意以下事项：

(1) 收获作业开始前，应将粮箱内的物品及杂物清理干净。

(2) 卸粮时，打开出粮斗，取掉插板，再结合卸粮离合器；如果

籽粒不能顺畅流出，应及时调整卸粮搅龙分流板，保证卸粮畅通。

(3) 卸粮只允许一次连续完成，否则会造成二次卸粮时系统负荷激增，导致传动件损坏。

(4) 卸粮完毕后，脱开卸粮离合器，插上插板，将出粮斗收回运输位置固定。

31 底盘系统主要由哪些部件组成？

联合收割机底盘系统主要由行走无级变速轮、驱动轮桥、转向轮桥等组成。

32 怎样调整无级变速带张紧度？

无级变速带张紧度应适当，一般检查时用125牛顿的压力压任意一根带的中部，胶带的挠度以16～24毫米为宜。无级变速带张紧度调整时，先通过操纵手柄将动轮组合置于中间位置，然后松开栓轴，调整调节螺杆，使调节架焊合上下移动，带动栓轴沿转臂长孔上下移动，达到调整要求后，将无级变速轮固定。在调整过程中应用手不断转动无级变速轮；严禁调紧超限度而造成变速箱输入轴变形或折断。

单根变速带张紧度调整时，将无级变速轮动盘置于中间位置，将无级变速油缸活塞杆调节螺母拧进或拧出，但调整量最多不大于15毫米。在单根带调整完后，应按“无级变速带张紧度调整方法”重新调整一次调节架焊合，以使两根带有相同的张紧度。

33 无级变速轮在使用中应注意什么？

(1) 无级变速轮在安装时，需调整其皮带轮与发动机输出带轮，变速箱输入带轮间的传动面，保证两传动回路带轮轮槽对称中心面的位置度不大于2毫米，可通过调节拉杆长度来实现。

(2) 操纵无级变速控制手柄必须轻轻点动，严禁猛动作操纵。

(3) 在拆装无级变速轮前务必做好标记，安装时，按标记进行装配，严禁错位，否则将影响带轮平衡，引起较大振动。

34 驱动轮桥由哪几部分组成?

驱动轮桥由带离合器、小制动器及差速器的变速箱、边减速器等组成。

35 行走离合器使用中应注意什么?

联合收割机的行走离合器一般为干式单片常压式摩擦离合器(膜片弹簧式),在使用过程中必须注意离合器膜片弹簧和分离轴承之间的自由间隙,一般离合器膜片弹簧和分离轴承之间的自由间隙为1.5～3毫米。间隙过小,会使分离轴承压在膜片弹簧上长期转动,引起离合器摩擦片不能正常结合,严重损坏机件,因此必须定期检查并调整此间隙。可通过调整离合器拉杆(离合器和脚踏板之间细长拉杆)两端螺纹长度的方法进行,同时保证离合器踏板自由行程在20～30毫米。

严禁将离合器当刹车及减速使用,否则,极易引起摩擦片快速磨损。

36 小制动器使用中应注意什么?

为了克服离合器分离后输入轴转动惯性,以便顺利换挡,部分机型在变速箱输入轴端设有小制动器。小制动器和行走离合器通过小制动横推杆联接,实现两者同步分离、制动过程。使用中应注意:在调整离合器间隙的同时,必须检查小制动器间隙,即当离合器结合时,小制动轮与制动蹄之径向间隙为1～2毫米。如果间隙不符,可调整制动横推杆螺母,改变横推杆工作长度,达到正常间隙。

调整缓冲弹簧的压缩长度,可改变制动蹄对小制动轮的压力。

37 变速箱在使用中应注意什么?

变速箱置于离合器之后,将变速齿轮和差速器合二为一。变速箱一般设有三个前进挡和一个倒退挡。由两对3个滑动齿轮在

变速杆和推拉软轴作用下完成变速，差速器由 4 个直齿圆锥行星齿轮组成。使用中应注意：变速箱内的润滑油应定期更换，油面不应超过或低于检视螺孔位（油位低会影响飞溅润滑，油位超高容易窜入离合器引起打滑），变速箱工作时油温不应该超过 70℃；变速箱若出现换挡困难，应进行检查调整。

38 制动系统使用中应注意什么？

联合收割机的制动系统一般采用机械与静液压联合作用原理，通过制动总泵和分泵的增力，作用于夹盘式制动器，完成制动目的，左右制动器总成结构相同。同时设有手制动装置，有些机型选装了后制动系统，使整机制动系统结构更合理，制动更可靠。

制动系统使用过程中应注意以下几点：

（1）必须经常检查制动器摩擦片的状态，如出现摩擦片磨损严重的现象，必须及时更换摩擦片，否则可能出现制动性能变差或摩擦片掉落的现象。

（2）使用过程中如出现踩下制动器踏板，但刹车无反应现象。应马上松开制动器踏板，迅速进行第二脚制动（踩制动踏板），以免出现危险。

（3）驻车时应可靠拉上手制动，行车起步前一定要解除手制动，以免损坏工作部件。

（4）必须经常检查制动系统的可靠性、刹车油液面高度以及制动夹盘的自由间隙。

39 转向轮桥使用中应注意什么？

转向轮桥用销轴铰接在转向桥支撑管上，为了提高转向轮直线行驶稳定性，便于安全操纵和减轻轮胎磨损，设计保证转向外倾角 2°，前束值为 6～10 毫米。应定期检查转向轴上两个轴承的轴向间隙，并按规定进行调整。定期检查螺母是否紧固，松动时应按规定拧紧，并用开口销锁住。

40 液压系统由哪几部分组成?

液压系统由转向和操纵两个子系统组成,两个子系统共用一个液压油箱和齿轮泵,通过单路稳定分流阀分成两个子系统。

转向系统由于控制转向轮的转向,主要工作部件为全液压转向器、转向油缸等部件。

操纵系统用于控制割台、拨禾轮的升降和行走无级变速。主要工作部件为多路阀、割台油缸、拨禾轮油缸及无级变速油缸等部件。

41 液压系统使用中应注意什么?

(1) 更换液压油时,应先把割台和拨禾轮放到最低位置。

(2) 添加或更换液压油时,应确保液压油型号、清洁度和液面高度符合规定要求。

(3) 液压油的泄漏及其控制。在收割机使用时,要经常检查各管路的连接处是否有泄漏,发现后必须立即进行紧固维修。

(4) 油路中排气。一般油路中的空气在机器运转中经扳动各换向阀手柄和转动方向盘后,各阀和管路内空气能自动排除。因此,可将油缸柱、活塞全部伸出,再将油缸的油管接头拧松,让油缸柱、活塞自动缩回,同时含有空气的泡沫油随之流出,直到排尽为止。然后将各油缸接头螺母拧紧,继续扳动换向手柄和方向盘排气,排完气后,将油箱液压油补充到规定液面。

(5) 管路连接。卡套管路接头安装时,应先将被连接管子向接头体内正端面对准,然后一边拧螺母,一边活动管子,当管子不能转动时,继续拧紧螺母为宜。安装前卡套刃口端面与管口端面预留 2～3 毫米的距离。胶管连接时不得扭转管子。

(6) 定期清洗回油滤清器和油箱空滤器滤芯,清洗时不准随意调整回油滤清器内安全阀弹簧预紧度。

42 电器系统主要由哪些元件组成？

电器系统实行单线制，负极搭铁，与机体构成回路，电路中额定电压均为12伏。机体采用综合电器开关和组合仪表。电器部分由四大部分组成：电源与启动部分、信号部分、仪表部分和照明部分。主要由发电机、蓄电池、启动电机、调节器、指示仪表、控制开关、灯光照明、喇叭、导线等各种电路元件组成。

43 电气系统使用与保养应注意什么？

在启动前应检查蓄电池是否牢固，充电是否充足，电路是否正常。气温在5℃以上可直接启动，气温在5℃以下，可将启动开关旋转到“预热”位置，预热30～40秒，再进行启动。启动机连续工作时间不宜超过10秒，如1次启动不成功，应于2分钟后再进行启动，如连续3次启动不成功，应检查原因。

发动机额定工况运转时，电流表指针应指向“＋”位置，以示充电，否则应检查原因并予以排除。启动后水温表应逐渐上升，正常使用时，工作温度应在60～98℃，超过警戒线时，应立即停车，进行检查，并排除故障。

蓄电池应经常保持在充满电的状态，长期不用时要定期充电，以防亏空。液面应高于极板10毫米，蓄电池导线应连接牢固。

停车后，应断开钥匙开关，以防止蓄电池向激磁线圈放电；长期停车，应断开总电源开关。

44 发动机由哪几部分组成？

联合收割机发动机一般为柴油机，主要由曲柄连杆机构、配气机构、柴油供给系统、润滑系统、冷却系统、启动系统等组成。发动机将燃烧柴油产生的热能转化为机械能，是联合收割机整机所有系统的动力来源，一般采用大功率、低油耗的柴油发动机，在高速作业中体现动力强劲、功率大、低振动、低噪声和低消耗的优异性能。

45 空气滤清器使用中应注意什么？

空气滤清器主要由空滤器软管、管箍、空滤器报警器、粗滤盆、叶片环、安全滤芯、纸滤芯、压紧螺母、排尘袋等组成，在使用过程中应注意：

（1）工作前，必须检查空滤系统的所有密封部位是否密封，包括盆式粗滤器盖、空滤器软管两端的管箍、空滤器内部滤芯密封胶垫及安全滤芯密封胶垫等。严禁未经过滤的空气进入气缸，否则易引起气缸磨损，降低发动机使用寿命。

（2）作业中视环境状况定期观察透明粗滤盆中灰尘满度情况，满度达80%左右必须清理，否则将影响系统初滤效率，增加纸芯负担，进而增大系统阻力，甚至吸破滤芯。

（3）滤清器设有报警器，当尘土在纸芯上沉积到规定值时，驾驶仪表盘指示灯和蜂鸣器同时报警，此时必须立即停车保养空滤器。

（4）保养空滤器时，应按空滤器壳体上的警示规定进行，清除纸质滤芯尘土，安全芯是在纸质滤芯破损后临时起保护作用，无需保养。当经多次保养，纸质滤芯折扇已产生严重变形、合折等，必须更换新滤芯，同时更换安全芯，保养完毕必须拧紧所有密封件螺栓，保持密封胶垫的正确位置。严禁采用劣质滤芯。安装滤芯时一定要保证位置正确并保持清洁。不许使用潮湿的滤芯，要保证橡胶密封圈绝对干净并正确密封。

（5）排尘袋的开口间隙应不大于1毫米，橡胶件无一定刚度以及老化变形都应更换。严禁工作中堵塞，否则应及时清理。

（6）保养空滤器时，要及时清理排尘袋里的灰尘，如排尘袋破裂、开口、脱落损坏等，请立即更换。安装排尘袋时，注意排尘袋保持向下。

46 燃油供给系统使用中应注意什么？

燃油供给系统主要由燃油箱、柴油滤清器总成及连接管路组

成，燃油箱置于后尾部上侧。为保证发动机正常工作，在油箱和发动机之间油路设有可换柴油滤清器总成。

（1）柴油滤清器保养时应按滤清器壳体上的警示规定进行，一般要求发动机工作200小时左右更换纸质滤芯。

（2）工作时加入沉淀72小时以上的清洁燃油，并定时排净燃油箱底部的沉淀油垢及积水。

47 散热除尘系统由哪几部分组成？

散热除尘系统由水散热器、除尘网罩及连接管路等组成。由于收割机在高温环境条件下工作，发动机极易过热，严重者引起拉缸。为此，收割机配有较大散热面积且散热效率较高的管片式散热器。为防止散热器堵塞，散热器前设有除尘装置，将粗大糠尘和碎茎叶吸附在网罩外，较干净的气流通过散热器。工作时，应经常清扫水箱网罩并定期对水箱进行清尘处理（将水箱空隙内的杂物吹出），以确定发动机工作时水温保持在65～95℃。

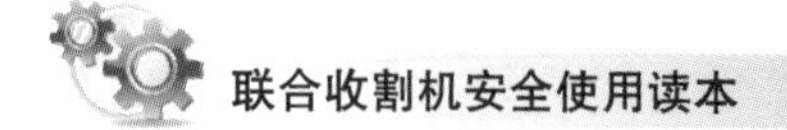

第二章　保养调整

48 为什么要对联合收割机进行保养和调整?

联合收割机在野外工作,处在暴晒、雨淋、震动、灰尘等恶劣作业条件下,这些都会造成机械技术状态、作业质量和作业效率的下降,影响作业收益。对联合收割机进行正确调整和保养可恢复机械的技术状态,延缓磨损,延长机器使用寿命,确保机器稳定工作率和作业质量,提高经济效益的重要环节,因此要按规定对联合收割机进行正确调整和保养。

49 联合收割机班技术保养有哪些内容?

联合收割机班技术保养是每工作 8～10 小时对收割机进行一次技术状态检查、清理、润滑和调整的操作过程,以保证收割机工作质量和效率。班技术保养主要包括以下内容:

(1) 清理机器上各工作部件上残留的谷物颖壳、碎草禾衣、泥土杂草等附着物。如切割器上的残草、割刀驱动偏心轮轴的缠草,发动机、排气管周围黏附的作物秸秆及残渣碎屑、油污,散热器上的尘土,筛面上的残留物,滚筒凹板两侧壁间隙中的残留茎秆、轮胎及轴上附着的泥土等均应完全清除。

(2) 按照柴油机使用说明书的要求,检查柴油、机油、气、水、电状态,对柴油机空气滤清器、蓄电池、冷却液液位检查补充。

(3) 检查各工作部件的紧固情况,各轴承座、轮胎、发动机座固定螺栓状况,对松动件应加以紧固检查。

（4）全面按润滑点加注润滑油。

（5）对液压升降系统进行油箱油位，管路的渗漏情况、密封情况的检查和确认。

（6）清理空气滤清器的保护网和滤芯，必要时应进行清洗和更换。

（7）检查变速箱、燃油泵，及时添加机油，疏通燃油箱盖通气孔，清洗燃油滤清器。

（8）对方向盘、操纵杆操纵的灵活性和可靠性予以仔细的检查，对刹车和左右制动状态进行确认。

（9）检查和调整"V"型胶带和各链条的张紧度，对已严重磨损的"V"型胶带和链节要进行更换。

（10）检查过桥输送链耙的张紧程度并调整到规定要求。

（11）检查护刃器和动刀片有无损坏和松动情况，对有以上情况的及时进行更换和修复。检查并调整切割间隙至符合要求。

50 保养润滑系统时应注意什么？

（1）严格按照联合收割机随机说明书中的润滑图表述的润滑部位及周期和油品种类要求进行润滑。

（2）润滑油应放在干净的容器内，防止尘土进入，油枪等加油工具要保持洁净。润滑前应擦净油嘴、加油盖、润滑部位及其周围的尘土、油污等。

（3）经常检查密封轴承的密封状况和工作温度，如发现漏油应及时更换油封，工作温度升高应查明原因，缩短润滑周期。

（4）各拉杆、杠杆机构活节部位应及时滴注润滑油。

（5）链条应在每班工作开始前用刷子刷涂机油润滑。润滑时必须停车进行，并先将链条上的尘土清理干净。

（6）液压油箱每周检查一次油面，每个作业季节清洗滤网一次，每年更换一次液压油。

（7）行走离合器分离轴承和轴套必须拆卸后进行润滑，一般每年进行一次。

(8) 新的或刚大修过的联合收割机，试运转结束后应将变速箱中的润滑油全部放出，清洗干净后加入新机油。工作前每天检查1次油量，不足时及时添加。

51 如何正确选用润滑油?

润滑油是用在各种类型机械上以减少摩擦，保护机械及加工件的液体润滑剂，主要起润滑、冷却、防锈、清洁、密封和缓冲等作用。正确选用润滑油，可以降低联合收割机生产成本，提高工作效率，延长机械使用寿命。联合收割机润滑油一般使用柴油机机油和齿轮油两种。

(1) 柴油机机油。用于柴油发动机润滑，柴油机机油按100℃时的运动黏度分为:20(HCA-8)号、30(HCA-11)号、40(HCA-14)号、50(HCA-18)号四种，油号越高，黏度越大。一般小功率柴油机冬季用20号、夏季用30号。大功率柴油机冬用30号、夏用40号。柴油机机油也有全年通用的多级机油，多级柴油机机油有5W/20、10W/30等牌号。联合收割机润滑油一般使用30号柴油机机油。

(2) 齿轮油。用于传动系齿轮的润滑。齿轮油一般分为20号、30号两种，冬春季用20号、夏秋季用30号，联合收割机一般夏秋季作业，使用30号齿轮油。

52 常用润滑脂分为哪几种?

联合收割机用的润滑脂也叫“黄油”。它主要是对联合收割机轴承起保护、润滑和密封作用。联合收割机常用的润滑脂按不同性能分为四大类:钙基润滑脂、钠基润滑脂、钙钠基润滑脂和锂基脂。

53 钙基润滑脂有什么特点?

钙基润滑脂是用机油、动植物油和石灰制成的稠密的油膏，一般呈黄色或黑褐色，结构均匀，软滑，易带气泡，它具有良好的耐水性，沾水不会乳化，适用常与水分或潮湿空气接触的机件的润滑。

由于它用水做稳定剂，耐热性差，当使用温度超过规定值时就会失水，使润滑脂的结构破坏，所以它不耐高温，通常在作业温度不超过 70℃的情况下使用。钙基润滑脂根据其针入度大小又分为 1 号、2 号、3 号、4 号、5 号五个牌号，其代号分别为 ZG1、ZG2、ZG3、ZG4 和 ZG5。牌号越大，针入度越小，油脂越硬。1 号适用于温度较低的工作条件；2 号适用于轻负荷且温度不超过 55℃的滚珠轴承；3 号适用于中负荷、中转速且温度 60℃以下的机械摩擦部分；4 号、5 号适用于温度在 70℃以下的重负荷低速机械的润滑。

54 钠基润滑脂有什么特点？

钠基润滑脂是由机油和肥皂混合而成，主要性能特点是颜色由黄色到暗褐色，甚至黑色，结构松，呈纤维状软膏，拉丝很长，黏性较大，耐热性能好，熔化后也能保持润滑性。但亲水性强，遇水后被溶解即失效，所以不能用于与水接触和安装在潮湿环境中的机械轴承上。钠基润滑脂按针入度分为 2 号、3 号、4 号三个牌号，其代号分别为 ZN2、ZN3、ZN4。2 号和 3 号适用于温度不高于 115℃的摩擦部分，但不能用于与水接触的部位；4 号适用于温度不高于 135℃的摩擦部分，也不能用于有水或潮湿的部位。

55 钙钠基润滑脂有什么特点？

钙钠基润滑脂为混合皂基润滑脂，这种润滑脂的性能介于钙基和钠基两种润滑脂之间。黄白色，微呈粒状，结构松软，不光滑，不粘手的软膏状。分为 1 号和 2 号两个牌号，其代号分别为 ZGN1 和 ZGN2。钙钠基润滑脂其耐水性比钠基润滑脂强，耐高温性强于钙基润滑脂。适用于高温下工作的轴承的润滑，其上限工作温度为 100℃。一般用于工作温度不超过 100℃的机械润滑部位上，不能用于低温和与水接触的润滑部位上。轴承加注润滑脂，均只能给轴承腔内加注 1/2 或 1/3 的容量，不能装脂过多。否则会使轴承发热，启动困难。

56 锂基润滑脂有什么特点？

锂基脂分为通用锂基脂、极压锂基脂、二硫化钼锂基脂、复合锂基脂等。锂基润滑脂是由羟基脂肪酸锂皂稠化矿物油并加入抗氧、防锈防腐等多种极压抗磨添加剂调制而成。按稠度等级分为1号、2号、3号三个牌号。锂基润滑脂具有优良的抗水性、机械安定性、耐极压抗磨性能、防水性和泵送性、防锈性和氧化安定性。锂基润滑脂在极端恶劣的操作条件下，还能发挥其超卓的润滑效能。锂基润滑脂，特别是以12-羟基硬脂酸锂皂稠化的调滑脂，在加有抗氧化剂、防锈剂和极压剂之后，就成为多效长寿命的通用润滑脂，可以代替钙基润滑脂和钠基润滑脂，用于飞机、汽车、坦克、机床和各种机械设备的轴承润滑，产品的持久使用温度为-20～160℃。

57 如何正确选用润滑脂？

(1) 根据工作环境选择。易与水接触的各种机械的轴承和润滑部位，工作温度在70℃以下的，可选用相应牌号的钙基脂；不易与水接触，工作温度在70～135℃条件下的各种机械的轴承和润滑部位，选用相应牌号的钠基脂。工作环境比较潮湿，工作温度又在70～100℃的各种机械的轴承和润滑部位，可选用相应牌号的钙钠基脂。对于重要工作部位或难于保养的部位，应选用锂基润滑脂。

(2) 根据工作温度选择。一般情况下，气温高，工作温度高的机件采用牌号较高的润滑脂，气温低，工作温度较低的机件采用牌号较低的润滑脂，如夏天钙基脂用3号、4号，钠基脂用4号；冬季钙基脂用2号、3号，钠基脂用2号、3号等。

58 使用保养“V”型传动胶带应注意什么？

“V”型传动胶带俗称三角带，使用和保养时要注意做好以下7点：

(1) 装卸三角带时，应先将三角带张紧轮松开，不可强硬装卸。如果两轴中心距是可调整的结构，应先将中心距缩短，胶带装好后

再按要求调整好中心距；如果两轴中心距是不可调整的，则可将一根三角带先套入轮槽中，然后转动另一个皮带轮，将三角带装上，用同样方法将一组三角带都装上。安装时禁止用工具硬撬、硬拽，以防三角带伸长或过松过紧现象。

（2）安装带轮时，应保证同一回路中三角带轮槽对称中心面位置度偏差不大于中心距的 0.3%。

（3）要经常检查三角带的张紧程度。三角带过松不仅容易打滑，也增加三角带磨损，甚至不能传递动力；过紧不仅会使三角带拉长变形，容易损坏，同时也会造成传动轴承受力过大，加速三角带磨损。正确的检查方法是：用手在每条胶带中部，施加 20 牛顿左右的垂直压力，下沉量为 15～20 毫米为宜，不合适时要及时进行调整。

（4）机器长期不使用，应放松三角带。避免沾上油污，否则应及时用肥皂水清洗。

（5）注意三角带工作温度不能过高，一般不超过 60℃；三角带应保存在阴凉干燥的地方，挂放时应避免打卷。

（6）三角带靠两侧面工作，如出现带底与带轮槽底接触摩擦现象，则需更换三角带。使用中要及时清理带轮槽中的杂物，防止锈蚀，以减少三角带和带轮的磨损。如图 2-1 所示，a 为三角带与带轮槽正确配合；b 为三角带选购错误，断面尺寸过大；c 为三角带磨损严重，需更换。

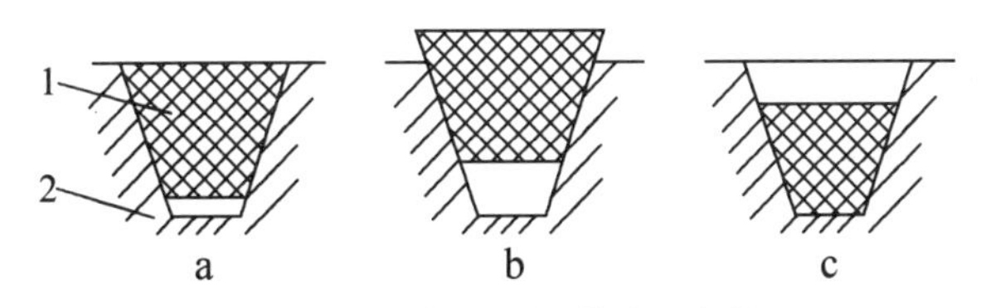

图 2-1　三角带与带轮槽的配合状况

1. 三角带　2. 带轮槽

（7）发现带轮摇摆转动或带轮轮缘有缺口时，要检查原因，并及时修理更换，以免缩短胶带的使用寿命。

59 使用和保养链条应注意什么?

(1) 在同一传动回路中的链轮应安装在同一平面内,其轮齿对称中心面位置度偏差不大于中心距的 0.2%,一般短中心距允许偏差值为 1.2~2 毫米,中心距较长的允许偏差 1.8~2.5 毫米。

(2) 链条的张紧度应适度,过紧会加剧磨损,过松则容易产生振动或掉链现象。对于水平或 45°以下的链传动,链条的下垂度应小于两链轮中心距的 2%。

(3) 安装链条时,可将链端绕到链轮上,便于连接链节。连接链节应从链条内侧向外穿,以便从外侧装联接板和锁紧固件。

(4) 链条使用伸长后,如张紧装置调整量不足,可拆去两个链节继续使用,如链条在工作中经常出现"爬齿"或跳齿现象,说明节距已伸长到不能继续使用,应更换新链条。

(5) 拆卸链节击打链条的销轴时,应轮流击打链节的两个销轴,销轴头如已在使用中撞击变毛,应先磨去头部。击打时,链节下应垫物,以免打弯链板。

(6) 链条应按时润滑,以提高使用寿命,但润滑油必须加到销轴与套筒的配合面上。因此,应定期卸下润滑。卸下后先用煤油清洗干净,待干后放到机油中或加有润滑脂的机油中加热浸煮 20~30 分钟,冷却后取出链条,滴干多余的油并将表面擦净,以免在工作中黏附尘土,加速链传动件的磨损。

(7) 链轮齿磨损后可以反过来使用,但必须保证传动面安装精度。

(8) 新旧链节不要在同一链条中混用,以免因新旧节距的误差而产生冲击,拉断链条。

(9) 磨损严重的链轮不可配用新链条,以免因传动副节距差,使新链条加速磨损。

(10) 机器存放时,应卸下链条,清洗涂油装回原处,最好用纸包起来,存放在干燥处。链轮表面清理后,涂抹油脂防止锈蚀。

60 使用和保养轴承应注意什么？

（1）联合收割机上大量使用带座外球面轴承，这是一种两侧带密封盖的自动调心轴承，具有双重结构的密封装置，可以在恶劣的环境下工作。轴承座一般采用铸造成型。它本身装有足够的润滑脂，供一年作业期间轴承内滚动摩擦副所需润滑脂，每年作业完毕，可从外圈小孔注入锂基润滑脂。

（2）外球面轴承的拆卸。如图 2-2 所示，先将偏心套上的锁紧螺钉（顶丝）松掉，然后用冲子插入或顶着偏心套上的沉孔沿轴逆时针方向打松偏心套，卸掉轴承座上的螺栓，将轴承和轴承座从轴上卸下，从轴承座缺口处将轴承卸下。

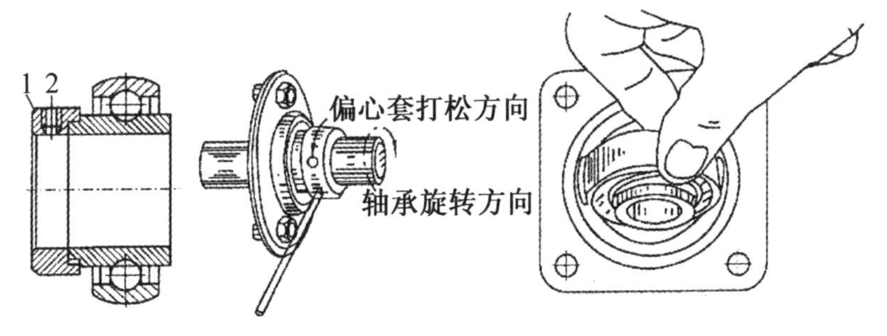

图 2-2　球面轴承拆卸方法

1. 偏心套　2. 锁紧螺钉

（3）所有含油轴承，每季作业结束后应卸下，在热机油中浸泡 2 小时补油。

（4）要经常检查轴套、轴承等摩擦部位的工作温度，如发现油封漏油，工作温度过高，应随时修复和润滑。钢球和沟槽磨损，间隙过大，产生径向或轴向晃动，应及时更换。

61 使用和保养轮胎应注意什么？

（1）每天在联合收割机工作前，要按规定检查轮胎的气压，一般应使用气压表检查。轮胎气压与规定不符时，禁止作业。允许左侧驱动轮比右侧的高 0.02 兆帕，以克服工作中的偏重，检查轮胎气压应在轮胎冷状态时进行。

(2) 轮胎不能沾染油污和油漆，以免加速轮胎老化。轮胎使用中出现局部破碎，应及时修补，以防加速破碎。

(3) 联合收割机每天工作后要检查轮胎，特别要清理胎面内侧沾积泥土，以免撞挤变速箱输入带轮和半轴固定轴承密封圈；检查轮胎有无夹杂物，如铁钉、玻璃、石块等。

(4) 夏季作业因外胎受高温影响，气压易升高，此时禁止降低发热轮胎气压。

(5) 当左右轮胎磨损不匀时，可将左右轮胎对调使用。

(6) 安装轮胎时，应在干净的地面上进行。安装前，应把外胎的内面和内胎的外面清理干净，并撒上一层薄滑石粉，然后将内胎装入轮胎内，要注意避免折叠。将气门嘴放入压条孔内之后，再把压条放在外胎与内胎之间，装入轮辋内。

(7) 机器长期存放时，必须将轮胎架空，适当放气，降低轮胎气压。

(8) 若轮胎在使用中报废，需更换新轮胎时，一定要选用适当规格型号的轮胎。换装新胎时，应尽可能同轴同换，若条件不允许时，则应选择磨损程度相近的同种轮胎安装在同一轴上，以保证左右轮胎附着力相同，转一周行程相等。

(9) 安装或更换轮胎时一定不能装反，从后向前看，应看到“人”字型朝上。

(10) 充气前应擦干净气门嘴，将打气筒或汽缸内污液排净。

(11) 处理陷车打滑：收割机轮胎打滑时，不能盲目前后乱冲，应堆集周围的泥沙，垫上石头、木板等，低速驶出。

62 怎样掌握收割幅宽？

在联合收割机技术状态完好的情况下，收割幅宽大小要适当，尽可能进行满负荷作业，割幅掌握在割台宽度的 90%为宜，但喂入量不能超过规定的许可值，在联合收割机作业时不能出现漏割

现象。

63 怎样掌握留茬高度？

在保证联合收割机正常收割的情况下，要正确掌握留茬高度，割茬尽量低些，但最低不得小于 6 厘米，否则会导致割刀"吃泥"，这样会加速刀口磨损和损坏。留茬高度一般不超过 15 厘米。

64 联合收割机作业行走方法有哪几种？

收割机田间作业时，为了减少作物损失，可先人工在地头割出 2 米×5 米的空地开道。如果地块周围有空地或道路，可供收割机行走，则不必开道。在沿地边收割时，要注意割台传动部件不要碰撞田埂，以免损坏割台。通常情况下，联合收割机有 3 种作业行走方法。

（1）四边收割法。对于较大的地块如麦田，由人工或机械开出割道后，沿地块的四周进行收割。这种方法适用于长、宽相差不多的大田块，作业效率较高。

（2）两边收割法。又叫左旋法，适宜地块比较长而宽度不大的地块。机械按地块长度方向沿两边循环进行收割，这种方法不用倒车，能提高收割效率，但需要先开割道。

（3）梭形收割法。适用于窄而长的地块收割；具体作业时，机手应根据地块实际情况灵活选用切合实际的作业行走方法。总的原则是要卸粮方便、快捷，尽量减少机车空行。收割时要尽量走直线，防止压倒一部分未割作物，造成人为损失。对田边地角余下的一些作物，可以待大面积割完后再收割或人工将其割下均匀薄薄地撒在未收割作物上等待收割。

65 用谷物联合收获机收获油菜时应注意什么？

（1）采用普通谷物联合收割机收获油菜时，要及时根据田块不同的作物产量高低调整收割机各项运行参数，有条件的要对机械进行相应的改装，除对清选、脱粒部位进行改装外，还要在割台部位加装立刀分禾装置，并减少拨禾轮的齿数，降低拨禾轮转速。

（2）采用普通谷物联合收割机进行固定拣拾脱粒作业时，应切断行走传动和割刀传动。

（3）机械收获油菜时，还应注意选择最佳收获时间，以减少收获损失和防止油菜籽品质的下降。

（4）勤检查、清理筛面。机械收获油菜的损失率大小，除了机械本身的性能以外，主要还取决于机手的细心程度，特别是要勤检查、清理筛面，才能确保较低的损失率。这是因为油菜秸秆粗大，含水率高，油菜叶、油菜籽、油菜角壳和秸秆屑，很容易黏结和堵塞清选筛面，因此机手必须经常检查和清理，否则损失率就会增大。

66 如何正确选择油菜收获时机？

由于油菜收获的特殊性，收获季节天气多变，油菜收获期较短。既不能在未完熟时收割造成不应有的损失，又要防止过于老熟造成炸荚落粒损失。机收油菜采用联合收获技术，油菜的成熟度直接关系到机械化收获的作业质量，机收油菜要比人工收获期推迟5～7天，机收在完熟阶段最适合，即80%以上植株外观颜色全部变黄，成熟度基本一致的条件下进行机收。油菜的含水率也直接关系到机械化收获的作业质量，早晨及雨后含水率较高，宜晾干后机收，晚上有露水时不宜机收。

67 油菜收割机作业中如何调整风量？

根据收割机工作时的清选和损失情况，合理调整风量。茎秆潮湿时风量应适当调大，干燥时应适当调小。风向应调至清选筛的中前方。清选上筛、尾筛的开度应适当调大，使部分未脱净的青荚进入杂余升运器进行再次脱粒。下筛的开度应调小或换用细孔筛。

68 油菜收割机作业完毕后如何保养?

作业完毕,应将机车清洗干净,特别是滚筒、清选、输送部分的杂草、尘土等要清洗干净;卸下所有皮带,涂防锈油或漆,停在干燥通风处保管;胶轮要用木板垫起。

69 联合收割机收获油菜时如何进行调整?

目前,我国大多数油菜收获机械采用进行适当改装和调整的谷物收获机械,一般要进行如下项目调整:

(1) 割台的调整。将主割刀位置调整到最前端(如伸缩式割台、驳接加长式割台等)。

(2) 调整拨禾轮的位置和转速。根据主割刀前伸量和油菜植株的高度调整拨禾轮的水平和垂直位置,并适当降低拨禾轮的转速(适宜转速 13~21 转/分钟);插拨式弹齿的数量适当减少,并成螺旋形排列。

(3) 调整脱粒滚筒的转速。更换链轮,使脱粒滚筒的转速在950 转/分钟。

(4) 调整清选风量。调小进风口,降低风量直至将清选风机的4 叶片改为 2 叶片。

(5) 更换清选筛。油菜在完熟后期,选用"上 8""下 6"冲孔筛;油菜在成熟前期,选用"上 10""下 8"冲孔筛;如局部油菜偏青,成熟度相差较大,可选用编织筛。

70 油菜收获中清选损失偏多如何调整?

油菜收割机在收获中出现清选损失偏多现象时,因根据作物籽粒的不同进行以下调整:

(1) 适当调大筛片开度。

(2) 调整调风板开度,使风量适度,特别对菜籽等重量较轻作物,要适当减少风扇叶片的数量。

(3) 降低收割机前进速度,减小收获喂入量,防止清选不及时而造成损失。

71 玉米联合收获机分为哪几类?

目前,我国研制开发的玉米联合收获机大体可分为悬挂式、自走式和玉米割台等3种类型。

(1) 悬挂式。该机是我国特有的一种玉米收获机械,可完成摘穗、剥皮、集穗、秸秆还田等作业。该类机型与拖拉机配套使用,可提高拖拉机的利用率,机具价格较低。具有结构简单、重量轻、操作方便、机动灵活等特点。按照其与拖拉机的安装位置分为正置式和侧置式两种。

(2) 自走式。该机是一种专用玉米收获机械,可一次性完成摘穗、集穗、秸秆还田或秸秆切碎收集青贮等作业。有的还带有剥皮功能,可随即摘除果穗上的苞叶。具有结构紧凑、性能较为完善、作业效率高、作业质量好等优点。根据秸秆粉碎装置的不同,自走式玉米联合收获机分为青贮型和还田型两种。

(3) 玉米割台。是与谷物联合收获机配套的专用装置,用于替换谷物联合收割机上的谷物收割台,从而将谷物联合收割机转变成玉米联合收获机。这样可以大大简化玉米收割系统,提高谷物联合收割机的利用率和经济效益。

72 悬挂式玉米联合收获机主要由哪些部件及系统组成?

如图2-3所示,悬挂式玉米联合收获机主要由割台、升降底架、第一级输送器、第二级输送器、拉杆系统、粮仓、粮仓支架、后传动系统、切碎机、前传动系统、悬挂系统等组成。

73 自走式玉米联合收获机主要由哪些部件及系统组成?

如图2-4所示,自走式玉米联合收获机主要由摘穗台、前升运器、驾驶台、操纵系统、驾驶室、行走底盘、发动机、剥皮机构、后升运器、果穗箱、秸秆还田及回收装置、液压系统、电器系统、外围等组成。

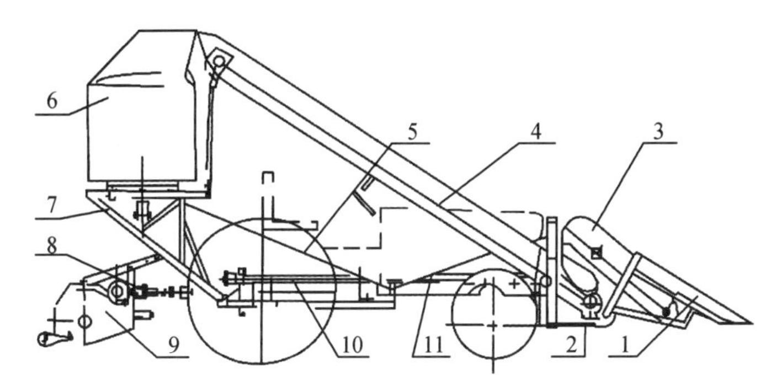

图 2-3 悬挂式玉米联合收获机结构示意图

1. 割台 2. 升降底架 3. 第一级输送器 4. 第二级输送器 5. 拉杆系统 6. 粮仓 7. 粮仓支架 8. 后传动系统 9. 切碎机 10. 前传动系统 11. 悬挂系统

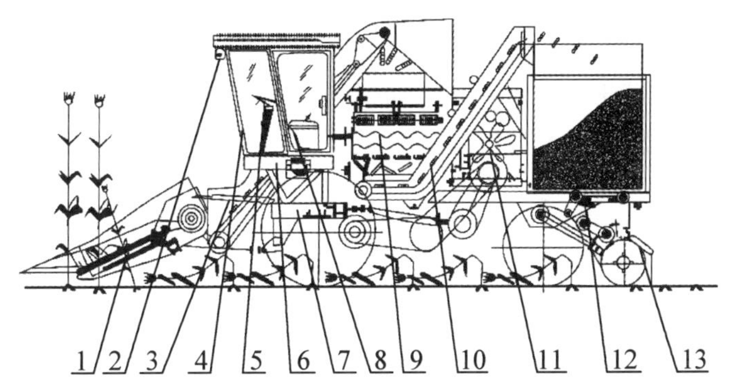

图 2-4 自走式玉米联合收获机结构示意图

1. 摘穗台 2. 电器系统 3. 前升运器 4. 驾驶室 5. 操纵系统 6. 驾驶台 7. 行走底盘 8. 液压系统 9. 剥皮机 10. 后升运器 11. 发动机 12. 果穗箱 13. 秸秆还田机

74 玉米联合收获机是怎样工作的?

(1) 自走式。玉米收获机顺着玉米植株行向前行走,割台两侧分禾器将进入割台收获区的玉米与区外分开。进入收获区的玉米在分禾器的作用下分别进入各摘穗行间,在拨禾链的强制拨动下进入摘穗机构两个拉茎辊之间,拉茎辊的快速转动将秸秆快速拉下辊的下方,果穗由于粗于秸秆被摘穗板卡在上面,实现果穗与秸秆的分离，被摘穗板摘下的果穗在拨禾齿的拨动下进入搅龙壳体，在搅龙叶片的作用下集向中间，再由拨板拨至升运器内，由升运器刮板送至粮仓。割台摘穗时折断的秸秆，在升运器尾部放置的排茎辊作用下进入二次切碎机，粉碎后抛至仓外还田；碎叶在风机的作用下也吹到仓外。割台摘穗后的秸秆被秸秆粉碎机粉碎后直接抛撒还田。粮仓收集满后，机手操纵卸粮手柄，使粮仓翻转卸粮，果穗可卸至运输车上或直接卸到地面。

（2）悬挂式。玉米收获机对准玉米行向前行走，割台上的扶导器引导玉米植株进入两道摘穗辊前端的入口，拨禾装置夹持玉米植株，将其喂入摘穗装置。玉米植株茎秆沿摘穗辊轴线方向喂入，被摘穗辊向后下方拉动，玉米穗因粗大和坚硬不能通过两摘穗辊的间隙，被摘穗辊上的螺旋爪卡住并摘下，被摘下的玉米穗落入输送器，经二级输送器送入后面的粮仓，切碎机最后将玉米秸秆切碎，从而一次性完成对玉米的摘穗、输送、装箱及秸秆切碎还田等工作。

75 机械收获玉米时应注意哪些问题？

（1）投入作业前对机具进行调试，连接部位要紧固，传动部位要灵活，润滑部位要注油，结合部位配合间隙调整适当。防护装置安全可靠，新购置的玉米收获机按说明书要求进行磨合试运转。

（2）作业前应平稳结合工作部件离合器，油门由小到大，到稳定额定转速时，方可开始收获作业。

（3）作业过程中出现超负荷时，应中断玉米收获机工作1～2分钟，让工作部件空运转，以便从工作部件中排除玉米穗、籽粒等。当工作部件堵塞时，应及时停机清除堵塞物，否则会导致收获机摩擦加大，甚至损坏零部件。

（4）作业中还应注意：①对行收获的玉米收获机要根据玉米的实际行距调整收割行距，保证收割质量。②随时检查玉米穗剥皮

情况及秸秆粉碎质量、割茬高度等，必要时进行调整。③作业时注意观察各部位工作状态是否正常，必要时进行调整。④观察收获地块玉米倒伏情况，根据倒伏程度调整割台高度。

（5）作业面积较大时，可分小区作业，按收获机割台行数的整数倍划分成几个小区来收割。

机械收获玉米时，由于作业视线不好，作业前应对作业田块进行勘察，并对障碍物做出标志。

76 机械收获玉米应满足哪些要求？

为保证机械收获玉米的质量和秸秆处理的效果，减少果穗损失及籽粒破损率，提高秸秆还田的合格率、根茬的合格率，符合秸秆切段青贮的要求，机械收获玉米应满足以下要求：

（1）实施秸秆青贮的玉米收获要适时进行，尽量在玉米籽粒刚成熟时，秸秆发干变黄前（此时秸秆的营养成分和水分利于青贮）进行收获作业。

（2）实施秸秆还田的玉米收获尽量在玉米子粒成熟后间隔3～5天再进行收获作业，这样玉米的籽粒更加饱满，果穗的含水率低，有利于剥皮作业。秸秆变黄，水分降低更利于将秸秆粉碎，可以相对减少功率损耗。

（3）根据地块大小和种植行距及作业质量要求选择合适的机具，作业前制定好具体的收获作业路线，同时根据机具的特点，做好人工开割道等准备工作。

（4）收获前10～15天，应对玉米的倒伏程度、种植密度和行距、果穗的下垂度、最低结穗高度等情况，做好田间调查，并提前制定作业计划。

（5）提前3～5天，对田块中的沟渠、垄台予以平整，并将水井、电杆拉线等不明显障碍安装标志，以利于安全作业。

（6）作业前应进行试收获，调整机具，达到农艺要求后，方可投入正式作业。国产玉米联合收获机均为对行收获，作业时其割台要对准玉米行，以减少掉穗损失。

（7）作业前，适当调整摘穗辊（或摘穗板）间隙，以减少籽粒破碎；作业中，注意果穗升运过程中的流畅性，以免卡住、堵塞；随时观察果穗箱的充满程度，及时倾卸果穗，以免果穗满后溢出或卸粮时发生卡堵现象。

（8）正确调整秸秆还田机的作业高度，以保证留茬高度小于10厘米，以免还田刀具打土、损坏。

（9）如安装除茬机时，应确保除茬刀具的入土深度，保持除茬深浅一致，以保证作业质量。

77 玉米联合收获机作业前有哪些保养内容？

（1）彻底清扫收获机。将收获机内外的泥土、碎秸秆、杂草杂物等清除干净。

（2）按玉米联合收获机说明书中的润滑系统图，对玉米联合收获机全面注油润滑保养。

（3）调整链条与三角带，对玉米联合收获机上的三角带与链条，进行松紧度的全面检查，调整到最佳使用状态。

（4）检查保养割刀，清除动刀片及定刀片上的泥土。

（5）检查各部位螺栓松紧，如有松动，加以紧固，确保玉米联合收获机正常作业。

78 如何减少收割中的损失？

小麦、油菜、水稻等谷类联合收割损失主要由拨禾损失、清选损失、茎秆中夹带籽粒、籽粒破碎等原因造成。因此收获过程中对作物要根据作物的高矮、成熟程度、籽粒大小等调整拨禾轮、风扇和滚筒的工作状态，保证把收获损失降到最小。

玉米机械收获中损失主要有果穗损失和籽粒破碎。减少摘穗

损失的措施是要根据作物结穗高度不断调整摘穗台的工作高度，调整摘穗辊间隙到6～8毫米，最大不超过12毫米。减少玉米籽粒破损率的措施主要是正确调整摘穗辊、摘穗板间隙和剥皮器弹簧压力。

第三章　安全作业

79 联合收割机夏季作业应注意什么?

(1) 加足冷却水,防止发动机温度过高。联合收割机夏季作业温度高,因此在作业前要按规定加足冷却水。在使用中若遇发动机“开锅”,多数情况是水箱缺水,但此时切不可立即加入冷却水,否则会引起缸盖或缸体炸裂。此时应停止作业,使发动机低速运转,待水温降到 70℃左右时,再缓慢加入清洁的冷却水。超负荷作业,不但水温升高很快,而且容易损坏机件。所以,一般情况下负荷应控制在 90%左右,留下 10%作为负荷储备,以便应付上坡或收获阻力变化带来的短时间超负荷。

(2) 加满适合夏季使用的油料。一是润滑油,由于润滑油黏度随温度高低而变化,温度升高则黏度下降,因此联合收割机夏季应使用黏度较高的柴油机机油。二是柴油,夏季应选用与作业环境相适应的凝固点牌号柴油,如 10 号轻柴油。

(3) 保持合适的轮胎气压。高温季节,昼夜温差大,温度升高,空气热胀体积增大,轮胎压力升高,容易引发轮胎爆破,造成不必要的经济损失。联合收割机夏季作业时,要经常停车检查联合收割机的轮胎气压,给轮胎充气时应比冬季低 5%～7%,轮胎气压不能高于轮胎的标准气压。连续作业 4～5 小时后,要注意检查各处螺栓的紧固情况,用手触摸轮毂、轴承有无过热和烫手现象。

(4) 定期清除水垢,确保冷却良好。发动机水套水垢过厚,会使散热效率降低 30%～40%,易导致发动机过热,造成发动机工作

恶化，功率降低，喷油嘴卡死，甚至导致严重事故。因此，联合收割机夏季作业要定期清除水垢，保持良好的冷却性能。

(5) 及时调整风扇皮带张紧度。高温下作业，风扇皮带张紧度下降，易造成皮带打滑，传动损失增大，甚至导致皮带易损坏。因此夏季及时冷车检查、调整发动机风扇皮带张紧度，调整值要比标准值略高一点。

(6) 夏季气温高，驾驶员一定要注意及时清除发动机、排气管等处附着的作物秸秆残渣及油污，检查电线有无老化、漏电等现象，防止发生火灾事故。

80 联合收割机上、下坡时应注意什么？

(1) 联合收割机上、下坡时不得曲线行驶，不得急转弯和横坡掉头。

(2) 下坡时不得用空挡、熄火或分离离合器等方式滑行。

(3) 上、下坡途中不准停机。必须在坡道停机时，应挂上低速挡，锁好制动器并采取可靠的防溜滑措施。如在轮胎下支垫三角木、砖头、石块等。

(4) 不准高速冲坡。

(5) 上坡时，距前车应保持 30 米以上安全距离。

81 联合收割机坡地作业应注意什么？

(1) 联合收割机坡地作业时，要注意纵横坡度均不大于 8°。

(2) 转移时，横坡不大于 8°，顺坡背负式不大于 15°、自走式不大于 25°。

(3) 不得在坡地高速行驶或作业，坡地临时停车时，应锁好刹车，四轮均应楔上随车专用楔木或可靠的石块，以防溜滑。

82 联合收割机能否牵引其他机械？

联合收割机不得牵引收割机、拖拉机等其他机械，不得用粮仓运载货物，粮仓内不得载人。

83 联合收割机短距离转移时应注意什么?

(1) 要把粮仓中的粮食全部卸净,以减轻负荷。

(2) 把割台提升到最高运输位置并锁定。

(3) 事先勘察转移路线。对需要经过道路的宽窄、曲直,是否平坦,有无斜坡、暗坑、电杆及拉线等,做到心中有数,必要时作出标记,并要注意桥梁、涵洞的标高,防止碰擦。

(4) 不得在起伏不平的路面上高速行驶,严禁高速转弯和下坡。

(5) 在地形复杂的道路或危险地段转移联合收割机时,必须有人护行指挥。

84 稻麦联合收割机作业前应做哪些检查和准备工作?

(1) 检查水箱是否有足够的冷却水,不足时应添加。

(2) 检查发动机油底壳的润滑油油面高度是否在正常高度范围内,不足时适当添加。

(3) 启动发动机前,要查看挡位,挡位应该在空挡。

(4) 检查油箱的燃油和液压油是否足够,检查变速箱等处的润滑油是否足够。

(5) 查看各管路系统是否有漏油、漏水现象。

(6) 检查各重要连接部件螺栓的紧固情况。

(7) 查看轮胎气压是否足够和履带的张紧度情况。

(8) 检查电器、照明以及信号灯是否完好。

(9) 检查传动部分应安全可靠,皮带、链条张紧度合适,各调节结构灵活可靠。

(10) 用手转动滚筒皮带轮,同时升起凹板,检查内部有无刮擦、碰磨声和杂物堵塞。

(11) 启动发动机,从中油门逐渐过渡到大油门,仔细观察是否有异常声音、振动、气味以及漏水、漏油和轴承过热现象。

(12) 检查行走无级变速器工作是否正常,主离合器、卸粮离合

器的结合和分离是否可靠。

(13) 检查制动器、转向器、变速器等安全部件是否安全可靠，作用正常。

玉米联合收获机的检查和准备工作也可参考以上内容。

85 联合收割机启动、起步时应注意什么?

发动机启动前，应当将变速杆、动力输出轴操纵手柄置于空挡位置；启动后必须以中速空转“暖车”，机油压力保持在 0.3 兆帕，水温升至 49℃时方可起步，60℃时方可负荷作业；起步时要观察周围情况，鸣号告知四周人员离开，确认安全后慢松离合器踏板，同时逐步加大油门，平稳起步。

86 联合收割机转向时应注意什么?

联合收割机在任何情况下的转向都应在减速的过程中实现，先减速，再转弯；以方向盘式为例，转弯的操作要点是：转大弯时，方向盘慢转、慢回正，转小弯时，方向盘快转、快回正。回转方向盘一定要在转弯结束之前开始，联合收割机的宽度和长度较大，转弯时一定要注意观察周围情况，以防碰及它物。

87 联合收割机倒车时应注意什么?

联合收割机倒车时要事先发出信号，注意周围及机后有无人员或障碍物，确认安全后慢松离合器踏板，采用低速、小油门缓慢倒车，倒车之前，一定要将收割台升起，以防损坏机件。

88 联合收割机田间作业时应注意什么?

(1) 联合收割机作业前，先观察田块周围的环境，田块的大小、形状和作物的产量、品种、高度、倒伏等情况，注意或消除田间的树桩、电线杆、树木、墓穴、坑凹或畦埂及石块等障碍物，对在地头、地边、沟边、崖边、塄边等危险地段和障碍物处应设明显的安全标记。

(2) 作业前应将闲杂人员清理出作业现场，并告知辅助作业人员必要的安全事项；根据地块情况，选择合适的田间作业行走方式，以提高工作效率。

(3) 为了便于机组回转和避免谷粒损失，在正式收割前应用人工先割出收获小区的边道、回行道和卸粮干线，以减少收获和卸粮时的空行程，提高机械利用率。

(4) 开始收割时以小喂入量低速行驶，逐渐加大负荷至额定喂入量，无论喂入量大小，发动机均应在额定转速下工作。

(5) 检查倾斜喂入室与脱粒部分连接处，脱粒部分各孔盖、清选筛箱、阶梯抖动板与侧壁接触处是否漏粮，若有漏粮则设法排除。

(6) 根据田间谷物生长情况合理选择行驶速度，当谷物稠密或潮湿时，则行驶速度要放慢；当谷物稀疏或干燥时，则行驶速度要加快。既保持适当喂入量，又保证良好的脱粒性能和清选性能。

(7) 收割倒伏作物时，最好采用逆倒伏方向或与倒伏方向呈一定角度收割，并将拨禾轮向前、向下调整，弹齿倾角向后倾，以利于扶起谷物、减少收获损失。

(8) 大风天收割时，机组不要顺风向行进，以免影响杂余排出。

(9) 作业时应保持直线行驶，允许微调修正方向，地头转弯时一定要停止收割，降低行进速度，避免高速急转弯，以防压倒作物或损坏机件；采用倒车法转弯或兜圈法直角转弯，不可贪图快而边割边转弯，否则收割机分禾器会将未割的麦子压倒，造成漏割损失。

(10) 停车时应空转到所有作物全部排出后再切断动力，使发动机停止工作。

(11) 清理调整或检修机器必须在停止运转后进行，严禁在收割台升起而又无保护措施或机械运转的情况下进行调整或检修。

(12) 在田头处休息的人员不允许睡觉，尤其是夜晚更不能如此，以防发生伤亡事故。

(13) 不允许在联合收割机上和正在收割的地块吸烟，夜间工作严禁用明火照明。

（14）严禁在高压线下停车或进行修理，不允许平行于高压线方向作业。

89 联合收割机作业过程中怎样正确使用油门？

联合收割机在收获作业过程中，只有发动机在额定转速下才能保证各工作部件在规定速度范围内运转，因此，收获时必须保持在大油门下工作，不允许用减小油门的方法降低行驶速度，以免引起割台、滚筒等的堵塞。需要在田间临时停车时，要先分离行走离合器，将变速杆置于空挡，保持大油门运转10～20秒，待收割机内谷物处理完后，再减小油门停车。当收割机行驶到地头时，也应继续保持大油门10～20秒，待机内谷物脱粒完毕并排出机外后再减小油门转弯。

90 怎样根据作物情况合理使用联合收割机？

机手要根据作物和地形情况合理使用联合收割机，谷物在乳熟期也就是在没有断浆时严禁收割；对倒伏过于严重的谷物不宜用机械收割；刚下过雨，秸秆湿度大，也不宜强行用机械收割。具体作业时，要根据实际情况，在保证安全的情况下，能够使用机械收割的尽量满足用户要求，对个别特殊情况如不能确保安全，确实不能机收的不能冒险收割，尽量向用户做好解释工作，以免产生负面效应。

91 联合收割机过田埂的正确操作方法是什么？

（1）应选择与田埂垂直的方向跨越田埂，接近田埂时，应逐渐将液压手柄向后拉，使割刀逐渐抬起越过田埂。割刀越过田埂后，手柄逐渐向前推至原位，降下割台。

（2）当前轮跨越田埂时，应随着前轮的升高，将液压手柄继续向前推，使割刀继续往下降，以保持和地面的距离不变。前轮越过田埂后，随着前轮的降低将液压手柄逐渐拉回到原位，保持割刀与地面的高度不变。

（3）后轮越过田埂时，随着后轮的升高，应将手柄继续往后拉，以提高割台，防止割刀铲泥，后轮越过田埂后，液压手柄也随着后轮的降低而向前推至原位。

92 联合收割机清除杂物和排除故障时应注意什么？

联合收割机应当在停机或切断动力后清除杂物和排除故障。禁止在排除故障时启动发动机或接合动力挡。禁止在未停机时直接将手伸入出粮口或排草口清理堵塞物。

93 如何正确掌握作业速度？

在正常情况下，若地块平坦、谷物成熟一致并处在黄熟期，田间杂草较少时，可以适当提高收割机的作业速度；谷物在乳熟后期或黄熟初期时，其湿度较大，在收割时速度要低；谷物在黄熟期或黄熟后期时，湿度较小并且成熟均匀，前进速度可以适当高一些；雨后或早晚露水大，谷物秸秆湿度大，在收割时速度要低；晴天的中午前后，谷物秸秆干燥，前进速度可高一些；对于密度大、植株高、丰产的谷物，收割速度要低；密度小又稀矮的谷物收割速度可高一些，收割机刚开始投入作业，各部件技术状态处在使用观察阶段时，作业速度要低；观察使用一段时间后，机械技术状态稳定可靠且谷物成熟、干燥，前进速度可高一些，以便充分发挥机械的作业效率。

94 联合收割机卸粮时应注意什么？

联合收割机卸粮时，人不准进入粮仓，不准把铁器、棍棒等硬物伸进粮仓，接粮人员不准把手伸进出粮口，以免造成事故。

95 联合收割机带秸秆粉碎装置作业时应注意什么？

联合收割机带秸秆粉碎装置作业时，须确认刀片安装可靠，作业时严禁闲杂人员进入作业区，辅助作业人员不许在收割机作业中站在运转机械的周围和机后，更不能靠近机械的旋转部位。

96 联合收割机上应当配备哪些安全设备?

(1) 联合收割机应当配备有效的消防器材,如能可靠使用的灭火器,并放在易于取放的位置。

(2) 夜间作业照明设备应当齐全有效,同时备一些镰刀、铁锹、木锨等工具,以便随时排除各种障碍。

(3) 联合收割机作业区严禁烟火,检查和添加燃油及排除故障时,不得用明火照明。

97 联合收割机怎样入库保管?

联合收割机使用时间短,闲置时间长,妥善保管直接影响来年效益的发挥及机器使用寿命,应及时做好保管工作。

(1) 将机器内外的泥土、碎秆、籽粒、麦芒等杂物彻底清理干净,并用自来水冲洗干净,晾干后把机器开进机库内停放好。

(2) 卸下全部皮带,清理干净,涂上滑石粉,系好标签,挂置在机库内墙上存放;卸下链条,放入柴油或煤油中清洗干净,待干后再放入机油中浸泡 15～20 分钟取出,等无滴油后涂上黄油,用牛皮纸包好,存放在通风干燥处。

(3) 卸下滚子链,清洗后用机油和钠基黄油煮至 120℃后,装箱存放。

(4) 拧紧通气孔螺栓,卸下齿轮传动箱,放入库内。

(5) 仔细检查各部位,发现磨损过度、变形、损坏的零部件,应进行更换或做好标记,待来年检修时更换。

(6) 在机器的无油漆金属表面和工作中受摩擦部位,如切割器、安全离合器爪及调节螺栓、螺杆等处,涂上机油或黄油,以防锈蚀;对掉漆处要补刷油漆。

(7) 用方木将机器垫起,使前后轮胎离地;把割台、拨禾轮降至最低垫上木板,待柱塞完全缩入缸体(其他部位的液压油缸也应如此),使液压系统内不受负荷;卸掉安全离合器等部位弹簧的负荷,以防弹簧疲劳。

（8）把发电机、大灯等主要电器元件拆下单独妥善保存，严格按机器的润滑图及用油要求对各部件进行一次润滑。

（9）停放联合收割机的库棚要平坦、干燥，并有防火设施。

98 蓄电池如何保管?

联合收割机蓄电池要拆下进行单独保存，其方法有两种。

（1）充电注水法。将蓄电池充足电后倒出电解液，换装蒸馏水停放 6 小时后再充电 4 小时。更换蒸馏水后再充电 2 小时，然后倒出蒸馏水，再装满新蒸馏水，拧好孔盖，即可长期保存。但冬季应注意保温，以防冻坏。

（2）干存法。即将蓄电池以 20 小时放电率完全放电，倒出电解液后用蒸馏水多次冲洗，直至水无酸性为止。倒净水，晾干后拧紧加液孔盖，密封好盖上的通气孔，即可长期保存。

99 发动机保管期间如何保养?

保管前将发动机的水箱、机体、机油冷却器的放水开关打开，放净冷却水，放出燃油和油底壳中的机油，用塑料布将空气滤清器、排气管口、燃油箱加油口等部位包好；往气缸内注入适量清洁的机油，并转动曲轴数圈；在机器保管期间，除搞好安保工作外，每月将发动机的曲轴转动 2 次，并往气缸内注入少量机油；将分配器操纵手柄前后板动 10～20 次。

100 玉米联合收获机在作业前应注意哪些事项?

（1）首先，使收获机的发动机一定要达到作业正常转数，使脱粒机全速运转，进入地头前应选好作业挡位，且使无级变速降到最低转数，需要增加前进速度时，尽量通过无级变速实现，而避免更换挡位，快到地头时，应缓慢升起割台，降低前进速度，但不要减小油门，以免脱粒滚筒堵塞。

（2）玉米联合收获机在进地之前，应根据玉米的产量、干湿程度、自然高度及倒伏情况，对脱粒机间隙、拨禾轮的前后位置和高

度等部位进行相应的调整。

101 玉米联合收获机在作业时应怎样选择挡位?

玉米联合收获机在收获过程中,要根据玉米产量、自然高度、干湿程度等因素选择合理的作业挡位。通常情况下,玉米亩产量在300～400千克时,可以选择二挡作业;玉米亩产量在500千克时,可以选择一挡作业;玉米亩产量在300千克以下,而且地势平坦,玉米成熟时,可以选择三挡作业。

102 玉米联合收获机如何选择作业幅宽?

一般情况下,玉米收获机应满幅作业,但如果玉米产量过高或者湿度太大时,以最低挡作业仍超载时,就应减小割幅,一般割幅减少到80%时即可满足要求。

103 玉米联合收获机作业时为何要选择大油门?

玉米联合收获机作业时,应该以发挥最大效能为原则,在收获时,应始终大油门工作,不允许以减小油门来降低前进速度,因为这样会降低滚筒转速,造成作业质量降低,甚至堵塞滚筒。

104 驾驶玉米联合收获机作业时应注意哪些事项?

首先,要眼观六路,耳听八方。机手在进行收获作业时,应做到眼勤、耳勤、手勤。随时注意观察驾驶台上的仪表,收割台上的作物流动情况,各工作部件的运转情况。要仔细听发动机的脱离滚筒以及其他工作部件的声音,如有异常应立即停车排除。

105 玉米联合收获机对作业环境有哪些要求?

首先,玉米联合收获机适用于面积较大、地势平坦的地块的玉米收获。其次,适用于同品种且成熟度一致、均匀的地块进行玉米收获。

106 玉米联合收获机在作业前对地块有哪些要求？

(1) 查看待作业地块的大小、形状、玉米产量和品种、自然高度、种植密度、成熟度及倒伏情况等。做到心中有数，充分发挥机械效能，提高作业质量，减小损失。

(2) 填平地块横向沟埂、深沟、凹坑，清除田间障碍物，若不能清除，要设立标记，以免碰坏割刀；若有水井应先用人工将其四周清理干净，清理宽度为 1.5 米左右，以免发生危险。

107 玉米联合收获机操作要点有哪些？

(1) 启动发动机前，要确认机器周围无人，将变速杆置于空挡，主离合器操纵杆在分离位置时，方可发出启动信号再启动机器。在看清周围无障碍、安全时方能起步。

(2) 玉米联合收获机在田间作业时，发动机油门应保持大油门状态，注意观察仪表和信号装置，有情况及时停机检查。

(3) 作业中如工作部件堵塞必须立即停机，同时断开主离合器，发动机熄火后进行清理。如发现工作部件缠草，也必须在停机后方可进行清理。当玉米联合收获机出现故障，需牵引时，要挂接前桥牵引。不允许倒挂后桥挂接点，牵引速度不允许超过 10 千米/小时。

(4) 作业地块横纵坡均不大于 8°，运输时横坡不大于 8°，纵坡不大于 25°，上下坡时不允许换挡和高速行驶。下坡时不允许空挡溜坡，不允许溜坡启动。

(5) 只有将摘穗台安全卡可靠支承后，才能在摘穗台下面工作；只有可靠插上秸秆粉碎器固定销，才能在秸秆粉碎器下工作。

(6) 果穗箱装满后，行驶速度不得超过 8 千米/小时，不允许将机器当运输工具使用，并严禁急刹车。卸粮时不能用工具或手助推果穗，发动机运转时人不能进入果穗箱。

(7) 远距离转移时必须将摘穗台安全卡放在支承位置，秸秆粉碎器固定销插上。公路行驶时须遵守交通安全法规。

（8）支起收获机时，前桥应将支点放在机架与前管梁连接处支承上，后桥应将支点放在后管梁下方，并楔好支起轮胎，可靠支起。

（9）拆卸驱动轮时应先拆与轮毂的固定螺栓，卸下总成后如需再拆内外轮辋固定螺栓，必须先将轮胎放气后再拆，以免轮辋飞出伤人。

（10）玉米联合收获机应配备灭火器并注意防火。

108 油菜收割机作业前应注意哪些事项？

（1）油菜收割机应由专业人员或经过专业培训的熟练机手操作，并按说明书安全操作规程正确操作，及时对收割机进行保养和调整。

（2）油菜收割机要保持技术性能良好，各联接、输送部位封闭严密。收割前，要更换凹型网筛，在割台左侧装上平板式分禾板和立式切割装置。选用立式切割装置收割油菜时，必须注意两侧安全，以防围观者受到伤害。

（3）机手要熟悉油菜田块地形，注意机具下田、过沟、过坎、行走安全等事项，熟练掌握机车跨越障碍物、转弯、收割、行走、装袋的操作要领。

109 油菜收割机选择什么天气时间段作业效果最好？

油菜收割一般选择晴天清晨、上午和下午的时段进行，晴天中午前后应停止收割。正式收割前选择典型的地块进行试割，检查试运转中未发现的问题。要根据油菜的成熟度和脱粒效果合理调整滚筒转速和凹版间隙，在作物成熟较好或高温干燥天气的条件下可降低转速和调大间隙，在保证脱净率的前提下减少油菜籽的破损率。

110 油菜收割机在作业中应注意哪些事项？

（1）收获时机车行驶速度不能过快，应选择中、低挡速度工作，建议使用带无级变速装置的联合收割机，便于平稳操作。

（2）在作业中，拨禾轮的转速要调到最低，以减少对油菜的撞击次数；前后位置要调到最后，并根据油菜的长势和倒伏情况合理调整其高低位置。如机具上安装弹齿板，应去掉，以减少对油菜的撞击。按逆时针回旋方向进行收割。

（3）在作业中要定期检查机车运转情况和作业质量，发现问题及时调整，质量检查包括割茬高度、收割损失、清洁度和破损率等。

（4）收割倒伏作物时，将割台降至适宜高度，将拨禾轮轴前移，并正确选择收割方向，最好是逆倒伏方向，其次是横倒伏方向进行收割，以减少油菜籽的损失。

第四章　故障排除

111 为什么要及时判断和排除联合收割机故障?

在“三夏”、“三秋”农忙季节进行收割作业时,联合收割机因出现机械故障而被迫停机修理,使收割机不但失去了最佳作业时机,也给机手带来巨大的经济损失。同时,收割机带“病”作业存在很大的安全隐患,所以应及时判断和排除故障,才能保证联合收割机正常作业。

112 联合收割机故障产生的原因有哪些?

联合收割机故障产生的原因主要有两种:一是由于操作不当引起的意外性机械故障,一般是容易避免和预防的;二是联合收割机在长期使用中,某些机件由于过度磨损而引发的突发性故障,是自然磨损所致,在使用中只要采取积极的防范措施,就可以避免和减少收割机故障的发生。

113 排除联合收割机故障应在什么状态下进行?

排除联合收割机故障时,必须在关闭发动机,在机器停止运转的状态下进行;若需进行焊接,还必须断开联合收割机的电源。

114 稻麦联合收割机割刀堵塞的原因有哪些? 如何排除?

原因:①在收割作业中遇到石块、木棍、铁丝等硬物。②动、定刀片间隙过大,夹带有收割作物的茎秆。③有动刀或护刃器损坏。

④割茬过低引起刀梁壅土。

排除方法:①立即停机清除硬物。②调整动、定刀片间隙。③更换损坏的刀片或护刃器。④提高割茬,清理积土。

115 农作物不能喂入搅龙的原因有哪些?如何排除?

原因:①割台喂入搅龙与割台底壳间隙过大。②拨禾轮过高或太偏前。③拨禾轮转速过低。④农作物短而稀疏。

排除方法:①调整喂入搅龙与割台底壳之间的间隙。②下降或者后移拨禾轮。③提高拨禾轮转速。④提高收割机前进速度。

116 农作物在喂入搅龙上架空、喂入不畅的原因有哪些?如何排除?

原因:①收割机前进速度太快,喂入量过多,喂入搅龙将谷物翻转。②拨禾轮位置偏前,将谷物输送抛向喂入搅龙上方。

排除方法:①降低收割机速度,使喂入量适中。②将拨禾轮位置后移。

117 拨禾轮将切割后的农作物前翻的原因有哪些?如何排除?

原因:①拨禾轮位置过低。②拨禾轮弹齿后倾偏大。③拨禾轮位置偏后。

排除方法:①提升拨禾轮。②调整拨禾轮弹齿角度(一般弹齿角度在出厂时已调整好,机具在作业一段时间后有可能产生变化,此时可以调整)。③前移拨禾轮位置。

118 拨禾轮打落籽粒多的原因有哪些?如何排除?

原因:①拨禾轮位置偏前。②拨禾轮位置过高。③拨禾轮转速过快。

排除方法:①将拨禾轮后移。②降低拨禾轮的高度。③降低拨禾轮的转速。

119 农作物在过桥入口喂入不畅的原因有哪些？如何排除？

原因：①过桥输送链耙链条张紧度过松。②收割机前进速度过快，喂入量过大。③传动皮带张紧度不足。

排除方法：①调整过桥输送链耙链条张紧度。②降低收割机前进速度，使喂入量适中。③调整传动皮带张紧度。

120 被收割作物向前倾倒的原因有哪些？如何排除？

原因：①收割机前进速度太快。②拨禾轮速度太低。③动刀切割速度太低。④割茬过低，切割器壅土。

排除方法：①降低收割机前进速度。②提高拨禾轮转速。③张紧摆环箱传动皮带。④适当提高割茬，清理切割器上的积土。

121 滚筒转速不稳或有异常声音的原因有哪些？如何排除？

原因：①脱谷室农作物输送不畅。②被脱作物夹杂异物进入脱谷室。③脱粒纹杆损坏。④滚筒不平衡或变形。⑤滚筒轴轴向窜动。⑥滚筒轴承损坏。

排除方法：①放大活动凹板间隙，提高板齿滚动转速，校正变形的排草板。②停机排除脱谷室异物。③更换损坏纹杆，安装时注意纹杆切口方向。④滚筒进行动平衡或更换。⑤锁紧滚筒轴承顶丝。⑥更换损坏轴承。

122 脱粒滚筒堵塞的原因有哪些？如何排除？

原因：①板齿滚筒转速偏低或传动皮带张紧度不足。②喂入量过大。③农作物潮湿。④发动机油门未达额定位置。

排除方法：①将活动凹板放到最大，打开滚筒周围各检视盖板，将堵塞物清理干净，提高板齿滚筒转速或调整皮带张紧度。②降低机器前进速度或者提高割茬。③降低机器前进速度。④调整油门拉线。

123 农作物脱净率不高的原因有哪些？如何排除？

原因:①板齿滚筒转速过低。②活动凹板间隙过大。③喂入量过大或不均匀。④纹杆磨损。⑤凹板栅格变形。⑥农作物成熟度不好或过于潮湿。

排除方法:①提高板齿滚筒速度。②减小活动凹板出口间隙。③降低机器前进速度。④更换磨损纹杆(更换时注意纹杆切口方向)。⑤修复变形凹板栅格。⑥适时收割。

124 籽粒破碎率高的原因有哪些？如何排除？

原因:①板齿滚筒转速过高。②籽粒进入杂余搅龙过多。③复脱器搓揉作用太强。

排除方法:①降低板齿滚筒转速。②适当减小风扇进风量或调大上筛开度。③减少复脱器搓板数。

125 籽粒中杂余偏高的原因有哪些？如何排除？

原因:①上筛前端开度偏大。②风量偏小。

排除方法:①降低上筛前端开度。②调大风机挡风板开度,增加进风量。

126 排糠中夹带籽粒多的原因有哪些？如何排除？

原因:①筛片开度偏小。②风量偏高,籽粒被吹出。③板齿滚筒转速偏高,造成清选负荷。④喂入量过大。⑤筛面堵塞。⑥挡帘损坏。

排除方法:①提高筛片开度。②调小风板开度。③降低板齿滚筒转速。④降低收割机前进速度或提高割茬。⑤清理筛面堵塞物。⑥更换挡帘。

127 籽粒中穗头偏多的原因有哪些？如何排除？

原因:①上筛前端开度偏大。②复脱器搓板磨损严重。③板

齿滚筒转速偏低。④风量偏小。

排除方法：①降低上筛前端开度。②更换复脱器搓板。③提高板齿滚筒转速。④调大风机挡风板开度，增加进风量。

128 排草中夹带籽粒高的原因有哪些？如何排除？

原因：①发动机未达额定转速。②板齿滚筒转速过低或栅格凹板前后“死区”堵塞。③喂入量偏大。④谷物茎叶较多、潮湿，使凹板堵塞。⑤轴流滚筒分离板磨损，分离作用降低。

排除方法：①调整油门拉线，加大油门。②提高板齿滚筒转速，清理栅格凹板前后“死区堵塞物”。③降低收割机前进速度或提高割茬。④清理凹板堵塞物。⑤更换轴流滚筒磨损的分离板。

129 复脱器堵塞的原因有哪些？如何排除？

原因：①皮带张紧度不够。②进入复脱器杂余量偏大。③安全离合器弹簧扭矩偏小。④复脱器搓板磨损。

排除方法：①提高皮带张紧度。②调大风机挡风板开度。③加大离合器弹簧扭矩。④更换复脱器搓板。

130 筛面堵塞的原因有哪些？如何排除？

原因：①农作物潮湿或杂草太多。②农作物干燥，脱离滚筒脱出物中茎秆破碎严重。③清选装置调整不当（风量、筛孔开度、筛箱振幅、晒面倾斜度等）。

排除方法：①减少喂入量。②加大脱离间隙或拆除滚筒脱离纹杆（间隔拆卸）。③调整风向和风量、增加筛孔开度、增大筛箱振幅、减小筛面倾角等。

131 离合器分离不清的原因有哪些？如何排除？

原因：①分离杠杆膜片弹簧与分离轴承之间自由间隙过大。②分离轴承损坏。

排除方法：①调整两者间隙。②更换损坏的分离轴承。

132 离合器打滑的原因有哪些？如何排除？

原因：①变速箱加油过多，摩擦片进油。②摩擦片磨损偏大。③弹簧压力降低。④分离杠杆不在同一平面。

排除方法：①变速箱加油至合适位置，将摩擦片拆下清洗干净。②更换离合器摩擦片。③更换规格相符的弹簧。④调整分离杠杆螺母。

133 变速箱工作有异常声音的原因有哪些？如何排除？

原因：①齿轮磨损严重。②轴承损坏。③润滑油液面过低或油品型号不对。

排除方法：①更换磨损的齿轮副。②更换轴承。③添加适量变速箱润滑油或检查油品型号。

134 挂挡困难或“掉挡”的原因有哪些？如何排除？

原因：①离合器分离不清。②小制动器制动间隙偏大。③换挡软轴过长。④换挡拨叉轴锁定机构不到位。

排除方法：①调整离合器间隙。②调整小制动器间隙。③调整换挡软轴螺母位置。④调整锁定机构弹簧张力。

135 发动机功率不足的原因有哪些？如何排除？

原因：①柴油质量差。②空气滤清器滤芯堵塞或进气胶管老化漏气。③活塞与气缸套磨损严重。④燃油系统故障。⑤排气管积炭过多。⑥冷却和润滑系统故障。

排除方法：①添加优质柴油。②清洗空气滤清器滤芯上的灰尘，检查进气胶管是否漏气。③更换活塞与气缸套。④检查喷油泵压力、喷油偶件、柴油滤清器是否堵塞。⑤清理排气管内的积炭。⑥检查节温器、水泵、风扇，清理旋风罩上的灰尘，检查机油滤芯、机油泵。

136 发动机冒蓝烟的原因有哪些？如何排除？

原因:①活塞环与气缸套未完全磨合。②活塞环磨损严重。③活塞与气缸套磨损严重。④气门与导管磨损严重。⑤机油添加过多。

排除方法:①按要求磨合发动机。②更换活塞环。③更换活塞与气缸套。④更换气门与导管。⑤机油添加至合适液面。

137 发动机冒白烟的原因有哪些？如何排除？

原因:①喷油器雾化不良。②柴油中有水,纯度不够。③气缸垫损坏。

排除方法:①清洗或更换喷油器,调整喷油压力。②添加优质柴油。③更换气缸垫。

138 发动机冒黑烟的原因有哪些？如何排除？

原因:①发动机负荷过重。②燃烧室积炭严重。③供油时间延迟,燃烧不足。④喷油器异常。⑤气门、缸套、活塞及活塞环磨损严重。⑥空气滤清器滤芯堵塞或进气胶管老化漏气,进气不足。

排除方法:①减少喂入量,减轻负荷。②清理燃烧室积炭。③调整供油提前角。④检查喷油器出油阀副。⑤更换气门、缸套、活塞及活塞环。⑥清洗空气滤清器滤芯上的灰尘,检查进气胶管是否漏气。

139 行走无级变速达不到范围的原因有哪些？如何排除？

原因:①变速油缸工作行程达不到或工作时不能定位。②动盘滑动副卡死。③行走皮带拉长。

排除方法:①油缸内泄,检查更换。②加润滑脂润滑。③调整无级变速轮张紧支架或更换行走皮带。

140 传动皮带拉伤的原因有哪些？如何排除？

原因：①皮带轮槽面划伤。②传动轮平面误差过大。

排除方法：①修复划伤皮带轮槽面。②调整传动轮在同一平面。

141 传动链条断裂的原因有哪些？如何排除？

原因：①链条张紧度不合适。②传动轴弯曲，使链轮偏摆。③链条严重磨损。④工作部件堵塞，瞬间负荷加大。

排除方法：①调整链条张紧度至合适。②校正弯曲传动轴，并使同一传动回路各链轮在同一平面内。③检查更换链条。④清理堵塞物。

142 制动性能差的原因有哪些？如何排除？

原因：①定摩擦片磨损严重。②刹车油管有空气。

排除方法：①更换定摩擦片。②排除油管中混有的空气。

143 所有油缸均不能正常工作的原因有哪些？如何排除？

原因：①液压油不足。②齿轮泵内泄。③溢流阀工作压力低。④多路阀锥体表面有机械杂质。

排除方法：①添加液压油。②检查齿轮泵。③调整溢流阀弹簧压力。④清洗阀芯，消除杂质。

144 割台上升困难的原因有哪些？如何排除？

原因：①液压油黏度不足。②割台油管混有空气。③齿轮泵传动皮带张紧度不足。

排除方法：①添加符合型号的液压油。②排除割台油管混入的空气。③调整张紧齿轮泵传动皮带。

145 割台和拨禾轮升降速度不稳的原因有哪些？如何排除？

原因:溢流阀弹簧工作不稳定。

排除方法:更换弹簧。

146 换向阀中位时割台和拨禾轮自动下降的原因有哪些？如何排除？

原因:①油缸密封失效。②阀芯与滑阀磨损严重。③单向阀密封损坏或沾有赃物。④阀芯对中位置有误。

排除方法:①更换密封阀芯。②检查更换滑阀。③更换或清洗单向阀。④调整使阀芯位置保持对中。

147 自走式联合收割机(轮式)跑偏的原因有哪些？如何排除？

原因:①转向器拨销变形或损坏。②转向弹簧失效。

排除方法:①检查更换转向器拨销。②检查更换转向弹簧。

148 收割机转向沉重的原因有哪些？如何排除？

原因:①液压油不足或者黏度太大。②单路稳定分流阀阀芯或阻尼孔堵塞。③单路稳定分流阀安全阀压力低于工作压力。④转向阀阀体内钢球单向阀失效。⑤转向油管中混有空气。⑥齿轮泵内泄。⑦液压回油滤清器堵塞。

排除方法:①加足液压油或者使用标准液压油。②清洗单路稳定分流阀阀芯。③调整安全阀压力(加调整垫子或清洗溢流阀)。④若钢球丢失,则需装入,若钢球卡住,清洗即可。⑤排除混入转向油管中的空气。⑥更坏齿轮泵。⑦清洗回油滤清器堵塞。

149 电瓶不充电的原因有哪些？如何排除？

原因:①发电机皮带过长,传动打滑。②发电机故障。③调节器故障。

排除方法:①调整皮带张紧度。②检查更换发电机。③更换调节器。

150 电瓶跑电的原因有哪些?如何排除?

原因:①电解液中有杂质。②隔板损坏,使机板短路。③电瓶极桩表面不干净,极桩间短路。

排除方法:①添加洁净电解液对内部进行清洗,清洗完后再添加洁净的电解液。②更换新电瓶。③保持电瓶表面干净无杂物。

151 充电电流过大的原因有哪些?如何排除?

原因:调节器损坏。

排除方法:更换调节器。

152 灯光或喇叭不能正常工作的原因有哪些?如何排除?

原因:①对应保险丝已断。②灯泡松动或烧毁。③喇叭线搭铁不良或下压弹簧片接触不良。

排除方法:①更换相同规格保险丝。②检查或更换灯泡。③检查喇叭线或调整下压弹簧片。

153 灯和喇叭正常,启动发动机无力的原因有哪些?如何排除?

原因:①启动机损坏。②电瓶极桩接触不良。③电瓶电力不足。

排除方法:①更换启动机。②紧固极桩连接线卡头。③给电瓶充电。

154 自走式玉米联合收获机摘穗板间堵塞的原因有哪些?如何排除?

原因:①摘穗板间隙过小。②摘穗板进口间隙大于尾部间隙。③拉茎辊棱沿锋利。④拉茎辊间隙过大,后部断茎秆多。⑤拉茎

辊间隙小，前部断茎秆多。⑥两拉茎辊棱凹未均匀咬合。

排除方法：①加大间隙。②进口比尾部间隙小3毫米。③倒圆棱沿。④调小间隙。⑤调大间隙。⑥使两拉茎辊棱凹均匀咬合。

155 玉米联合收获机拨禾链跳链或掉链的原因有哪些？如何排除？

原因：①链条过松。②链条变形、断裂或掉齿。③链轮过度磨损或链轮轴变形。④轴承损坏。

排除方法：①张紧链条。②调整或更换链条。③更换链轮或链轮轴。④更换轴承。

156 玉米联合收获机拉茎辊缠草的原因有哪些？如何排除？

原因：①剔除间隙过大。②剔刀崩刀、变形、钝化。③剔刀丢失。

排除方法：①调小间隙。②更换、调整剔刀。③补充丢失的剔刀。

157 玉米联合收获机摘穗机构不转动的原因有哪些？如何排除？

原因：①割台离合器打滑。②联轴器连接链条或传动链条丢失。③传动轴滚键。

排除方法：①调整压紧弹簧。②补齐链条。③补键或换轴。

158 玉米联合收获机果穗不向中间输送的原因有哪些？如何调整？

原因：①搅龙筒装反或搅龙叶片焊反。②搅龙回转方向不正确。③搅龙与底壳间隙过大。④搅龙叶片变形严重。

排除方法：①左右轴对调。②调整传动链条。③调小间隙。④调整或更换搅龙叶片。

159 玉米联合收获机果穗向升运器拨送不顺畅的原因有哪些？如何排除？

原因:①输送刮板变形严重,回转直径过小。②刮板丢失或损坏。

排除方法:①调整刮板或更换。②补齐或更换刮板。

160 玉米联合收获机离合器轴承温度过高的原因有哪些？如何排除？

原因:①润滑不良。②润滑脂不合格。③轴承质量不合格。

排除方法:①正确润滑。②换用合格润滑脂。③更换新轴承。

161 玉米联合收获机换向阀不自动复位或中立不能定位的原因有哪些？如何排除？

原因:①复位弹簧或定位弹簧失效或定位套磨损。②安全阀阀芯卡死。

排除方法:①更换弹簧。②修复或更换安全阀。

162 玉米联合收获机粮仓翻转过程中无中立状态的原因有哪些？如何排除？

原因:油缸进出油口与多路阀锁定口位置连接不正确。

排除方法:倒换油缸油管位置,使油缸工作位置有自锁功能。

163 玉米联合收获机割台、粉碎机自降的原因有哪些？如何排除？

原因:①油缸密封圈损坏或阀芯磨损。②安全阀锥面有异物。

排除方法:①更换油缸密封圈或阀芯。②清理安全阀。

164 玉米联合收获机所有油缸均不能正常工作的原因有哪些？如何排除？

原因：①无液压油或油位过低。②液压箱放油胶管堵塞或打折。③进油阀、安全阀压力过低。④进油阀孔堵死。

排除方法：①加油至少不少于1/3油箱。②梳理胶管，保证畅通。③调整压力。④清理阀芯。

第五章　政策法规

165 联合收割机怎样办理注册登记和挂牌手续?

新购买的联合收割机投入使用前,其所有人须向所在地县级农机安全监管机构申请注册登记,领取号牌、行驶证和登记证书后,该机方可行驶作业。

注册登记需提交的材料:

(1) 联合收割机登记申请表。

(2) 所有人的身份证明,如身份证、户口簿、单位的营业执照、社会团体登记证书等。

(3) 来历证明,即证明联合收割机来源合法并已办理了国家规定手续的各种证明,如购机发票。

(4) 产品合格证明或进口联合收割机的进口凭证。

(5) 安全技术检验合格证明(免予安全技术检验的除外)。

(6) 法律、行政法规规定在联合收割机登记时应当提交的其他证明、凭证。

现场交验申请登记的联合收割机,经农机安全监理机构审核合格的,予以登记并核发相应的证书和牌照。

联合收割机使用期间登记事项发生变更,如所有人更改姓名、单位名称、改变机身颜色、更换发动机、机身(底盘)等。其所有人应当按规定向原登记机关提出申请,办理变更登记手续。

166 联合收割机年检前应做哪些准备工作?

联合收割机每年进行一次安全技术检验,未经检验合格的应停止使用,排除故障,直至检验合格后方准使用。接到安全技术检验通知后,应对机械进行认真的检查、保养和维修,保证顺利通过检验。主要应做好以下准备工作:

(1) 对机械进行清洗,必要时重新做漆。对缺失和损坏的部件进行补充和修理,做到车容整洁、设备齐全、机件完好、安全可靠。

(2) 对油、水、气、电各部位进行检查,做到不漏油、不漏水、不漏气、不漏电。

(3) 检查调整转向系统,确保转向正常。

(4) 检查调整离合器、变速器和制动器等操纵装置,保证离合、变速、制动正常。

(5) 灯光、喇叭、仪表、倒车镜等安全设施齐全,安装位置正确,作用正常。

(6) 检查轮胎及气压,做到紧固牢靠、气压合适,磨损未超出正常范围。

167 对联合收割机驾驶人的身体条件有何要求?

(1) 年龄:18 周岁以上,60 周岁以下。

(2) 身高:不低于 150 厘米。

(3) 视力:两眼裸视力或者矫正视力达到对数视力表 4.9 以上。

(4) 辨色力:无红绿色盲。

(5) 听力:两耳分别距音叉 50 厘米能辨别声源方向。

(6) 上肢:双手拇指健全,每只手其他手指必须 3 个指关节健全,肢体和手指运动功能正常。

(7) 下肢:运动功能正常,下肢不等长度不得大于 5 厘米。

(8) 躯干、颈部:无运动功能障碍。

有下列情形之一的人,不得申请领取联合收割机驾驶操作证:

(1) 有器质性心脏病、癫痫、美尼尔氏症、眩晕症、癔症、震颤麻痹、精神病、痴呆以及影响肢体活动的神经系统疾病等妨碍安全驾驶疾病的。

(2) 吸食、注射毒品,长期服用依赖性精神药品成瘾尚未戒除的。

(3) 吊销拖拉机、联合收割机驾驶证或者机动车驾驶证未满 2 年的。

(4) 造成事故后逃逸被吊销驾驶操作证或者机动车驾驶证的。

(5) 驾驶许可依法被撤销未满 3 年的。

(6) 法律、行政法规规定的其他情形。

168 怎样申领联合收割机驾驶证?

初次申领联合收割机驾驶操作证,应向户籍地或暂住地农机监理机构提出申请,填写《联合收割机驾驶证申请表》并提交以下证明:

(1) 联合收割机驾驶证申请表。

(2) 申请人的身份证明及其复印件;如《居民身份证》或公安机关核发的居住、暂住证明。

(3) 县级或者部队团级以上医疗机构出具的有关身体条件的证明。

(4) 驾驶培训记录。农机监理机构对提供的资料进行审核并按规定对申请人进行考试,考试科目有四项:①科目一:理论知识考试;道路交通安全、农机安全法律法规和机械常识、操作规程等相关知识考试。②科目二:场地驾驶技能考试。③科目三:田间(模拟)作业驾驶技能考试。④科目四:方向盘自走式联合收割机道路驾驶技能考试。

考试合格后,农机安全监理机构颁发相应准驾机型的联合收割机驾驶证。

169 联合收割机驾驶证准驾机型代号是如何规定的?

联合收割机驾驶证分为三类,其准驾机型代号是:

(1) 方向盘自走式联合收割机,驾驶证准驾机型代号为“R”。

(2) 操纵杆自走式联合收割机,驾驶证准驾机型代号为“S”。

(3) 悬挂式联合收割机,驾驶证准驾机型代号为“T”。

170 联合收割机驾驶证有效期满后应怎么办?

联合收割机驾驶证有效期规定为 6 年。驾驶人应当于驾驶证有效期满前 90 日内,向驾驶证核发地农机监理机构申请换证。申请换证时需提交以下证明、凭证:

(1) 联合收割机驾驶证申请表。

(2) 驾驶人的身份证明及其复印件。

(3) 原驾驶证。

(4) 县级或者部队团级以上医疗机构出具的体检证明。

农机监理机构对提供的资料进行审核,对驾驶证进行审验,合格按规定予以换发,同时收回原驾驶证。

171 驾驶证注销有何规定?

联合收割机驾驶人有下列情形之一的,其驾驶证予以注销:

(1) 申请注销的。

(2) 丧失民事行为能力,监护人提出注销申请的。

(3) 死亡的。

(4) 身体条件不适合驾驶联合收割机的。

(5) 超过驾驶证有效期 1 年以上未换证的。

(6) 年龄在 60 周岁以上,2 年内未提交身体条件证明的。

(7) 年龄在 70 周岁以上的。

(8) 驾驶证依法被吊销或者驾驶许可依法被撤销的。

172 什么叫农业机械事故?

农业机械事故,是指拖拉机、收割机、脱粒机等农业机械在作业或者转移等过程中造成人身伤亡、财产损失的事件。

农业机械事故按等级分为以下四类:

(1) 一般农机事故:指造成 3 人以下死亡,或者 10 人以下重伤,或者 1 000 万元以下直接经济损失的事故。

(2) 较大农机事故:指造成 3 人以上 10 人以下死亡,或者10 人以上 50 人以下重伤,或者 1 000 万元以上 5 000 万元以下的直接经济损失的事故。

(3) 重大农机事故:指造成 10 人以上 30 人以下死亡,或者 50 人以上 100 人以下重伤,或者 5 000 万元以上 1 亿元以下的直接经济损失的事故。

(4) 特别重大农机事故:指造成 30 人以上死亡,或者 100 人以上重伤,或者 1 亿元以上直接经济损失的事故。

173 发生农机事故后驾驶员应怎么办?

发生农业机械事故,驾驶操作人员和现场其他人员应当立即停止作业或者停止农业机械的转移,保护现场,按规定向有关部门报案。造成人身伤害的,应当立即采取措施,抢救受伤人员。因抢救受伤人员变动现场的,应当标明位置。

174 发生农机事故后向谁报案?

发生农业机械事故后当事人以及现场人员应当及时报案。

联合收割机在道路上发生交通事故,应向公安机关交通管理部门报案,由公安机关交通管理部门依照道路交通安全法律、法规处理。

联合收割机在道路以外(如田间)发生事故,应向事故发生地县级农机安全监理机构报案,造成人员死亡的,还应当向事故发生地公安机关报案。由县级以上农机械部门和当地公安部门进行

处理。

参加农机安全互助保险的联合收割机发生事故，除应按照以上规定报案外，还必须及时向省级农机安全协会报案。

175 发生农机事故后怎样报案?

发生农业机械事故后，驾驶操作人员和现场其他人员要将事故发生的地点、时间、农业机械名称和牌号、伤亡程度和损失等情况及时报告给农机部门和公安机关。报案的方式一般有三种：

(1) 当面口头报案。报案人到事故处理机关口头报案。

(2) 电话报案。报案人通过固定电话或手机向事故处理机关报案。

(3) 书面报案。报案人以文字的形式向事故处理机关报案。发生事故后有条件报案而不报案或不及时报案，造成事故无法认定的，要负事故责任。

176 联合收割机驾驶操作人员不得有哪些行为?

《农业机械安全监督管理条例》第二十三条规定：拖拉机、联合收割机应当悬挂牌照。联合收割机因转场作业、维修、安全检验等需要转移的，其操作人员应当携带操作证件。

联合收割机操作人员不得有下列行为：

(1) 操作与本人驾驶操作证件规定不相符的联合收割机。

(2) 操作未按规定登记、检验或者检验不合格、安全设施不全、机件失效的联合收割机。

(3) 服用国家管制的精神药品、麻醉品后操作联合收割机。

(4) 患有妨碍安全操作的疾病操作联合收割机。

(5) 使用联合收割机违反规定载人。

(6) 违反国务院农机主管部门规定的其他禁止行为。

177 交通法规对停车有何规定?

停车一般分为两种：一是停放。指在规定的地点(停车场、路边停车位、路外)长时间的停留。二是临时停车。指车辆在非禁止停车的路段,在驾驶人不离开车辆的情况下,靠道路右边按顺行方向的短暂停留。联合收割机在城镇街道或道路上临时停车,不得妨碍其他车辆和行人通行并应当遵守机动车停车规定:

(1) 在设有禁停标志、标线的路段,在机动车道与非机动车道、人行道之间设有隔离设施的路段以及人行横道、施工地段,不得停车。

(2) 在交叉路口、铁路道口、急弯路、宽度不足 4 米的窄路、桥梁、陡坡、隧道以及距离上述地点 50 米以内的路段,不得停车。

(3) 在公共汽车站、急救站、加油站、消防栓或者消防队(站)门前以及距离上述地点 30 米以内的路段,除使用上述设施的以外,不得停车。

(4) 车辆停稳前不得开车门和上下人员,开关车门不得妨碍其他车辆和行人通行。

(5) 路边停车应当紧靠道路右侧,不得超过 30 厘米,机动车驾驶人不得离车,上下人员或者装卸物品后,立即驶离。

(6) 夜间或者遇风、雨、雪、雾等低能见度气象条件时,开启示廓灯、后尾灯、雾灯。

178 为什么禁止农机驾驶人酒后驾驶?

各种酒类,都含有不同浓度的酒精,其中以白酒含量最多,约占 40%～80%。酒精是一种有机化合物,也是一种具有麻醉作用的原生质毒物,饮酒过多,很可能出现酒精中毒。酒后驾驶是指农机驾驶操作人饮用白酒、啤酒、果酒、汽酒等含有酒精的饮料后,在酒精作用期间行驶作业的行为。从驾驶人血液或呼出气中检出酒精即为酒后驾驶,每 100 毫升血液酒精含量大于或等于 100 毫克的为醉酒驾驶。低于 100 毫克的,为酒后驾驶。饮酒对驾驶的影响有:

(1) 情绪冲动,神经麻痹,自我控制能力变差。

(2) 思考、判断力减弱。

(3) 注意力、反应能力下降。

（4）触觉、视觉下降，对颜色反应迟钝。

（5）记忆力减退。通常驾驶员从视觉感知前方危险情况到踩下制动踏板的反应时间为 0.75 秒，但饮酒后反应时间增加 2～3 倍。

所以饮酒后不能驾驶操作农业机械和机动车辆。《中华人民共和国道路交通安全法》规定，饮酒后驾驶机动车的，处暂扣 1 个月以上 3 个月以下机动车驾驶证，并处 200 元以上 500 元以下罚款；醉酒后驾驶机动车的，由公安机关交通管理部门约束至酒醒，处 15 日以下拘留和暂扣 3 个月以上 6 个月以下机动车驾驶证，并处 500 元以上 2 000 元以下罚款。

179 驾驶操作无牌无证的联合收割机怎样处罚？

国务院《农业机械安全监督管理条例》第五十条规定：未按照规定办理登记手续并取得相应的证书和牌照，擅自将拖拉机、联合收割机投入使用，或者未按照规定办理变更登记手续的，由县级以上地方人民政府农业机械化主管部门责令限期补办相关手续；逾期不补办的，责令停止使用；拒不停止使用的，扣押拖拉机、联合收割机，并处 200 元以上 2 000 元以下罚款。

180 使用伪造、变造的收割机证书和牌照怎样处罚？

国务院《农业机械安全监督管理条例》第五十一条规定：伪造、变造或者使用伪造、变造的拖拉机、联合收割机证书和牌照的，或者使用其他拖拉机、联合收割机的证书和牌照的，由县级以上地方人民政府农业机械化主管部门收缴伪造、变造或者使用的证书和牌照，对违法行为人予以批评教育，并处 200 元以上 2 000 元以下罚款。

181 无证驾驶操作联合收割机怎样处罚？

国务院《农业机械安全监督管理条例》第五十二条规定：未取得拖拉机、联合收割机驾驶操作证件而驾驶操作拖拉机、联合收割机的，由县级以上地方人民政府农业机械化主管部门责令改正，处100元以上500元以下罚款。

182 驾驶与准驾机型不符的联合收割机怎样处罚？

国务院《农业机械安全监督管理条例》第五十三条规定：拖拉机、联合收割机操作人员操作与本人操作证件规定不相符的拖拉机、联合收割机，或者操作未按照规定登记、检验或者检验不合格、安全设施不全、机件失效的拖拉机、联合收割机，或者使用国家管制的精神药品、麻醉品后操作拖拉机、联合收割机，或者患有妨碍安全操作的疾病操作拖拉机、联合收割机的，由县级以上地方人民政府农业机械化主管部门对违法行为人予以批评教育，责令改正；拒不改正的，处100元以上500元以下罚款；情节严重的，吊销驾驶操作证。

183 联合收割机违法载人将受到何种处罚？

国务院《农业机械安全监督管理条例》第五十四条规定：使用联合收割机违反规定载人的，由县级以上地方人民政府农业机械化主管部门对违法行为人予以批评教育，责令改正；拒不改正的，扣押联合收割机的证书、牌照；情节严重的吊销驾驶操作证件。

184 不按规定检验或检验不合格的农机继续使用怎样处罚？

国务院《农业机械安全监督管理条例》第五十五条规定：经检验、检查发现农业机械存在事故隐患，经农业机械化主管部门告知拒不排除并继续使用的，由县级以上地方人民政府农业机械化主管部门对违法行为人予以批评教育，责令改正；拒不改正的，责令停止使用；拒不停止使用的，扣押存在事故隐患的农业机械。事故隐患排除后，应当及时退还扣押的农业机械。

185 道路交通违法行为的处罚标准是怎样规定的？

(1) 对于情节轻微的，指出违法行为，给予口头警告。

(2) 违反道路交通安全法律、法规关于道路通行规定的，处警告或者 20 元以上 200 元以下罚款。

(3) 饮酒后驾驶机动车的，处暂扣一个月以上 3 个月以下驾驶证，并处 200 元以上 500 元以下罚款；醉酒后驾驶的，由公安机关交通管理部门约束至酒醒，处 15 日以下拘留和暂扣 3 个月以上 6 个月以下机动车驾驶证，并处 500 元以上 2 000 元以下罚款。

(4) 饮酒后驾驶营运机动车的，处暂扣 3 个月机动车驾驶证，并处 500 元罚款；醉酒后驾驶营运机动车的，由公安机关交通管理部门约束至酒醒，处 15 日以下拘留和暂扣 6 个月机动车驾驶证，并处 2 000 元罚款。

(5) 对违反道路交通安全法律、法规关于机动车停放、临时停车规定的，可以指出违法行为，并予以口头警告，令其立即驶离。机动车驾驶人不在现场或者虽在现场但拒绝立即驶离，妨碍其他车辆、行人通行的，处 20 元以上 200 元以下罚款，并可以将该机动车拖移至不妨碍交通的地点或者公安机关交通管理部门指定的地点停放。

(6) 上道路行驶的机动车未悬挂机动车号牌，未放置检验合格标志、保险标志，或者未随车携带行驶证、驾驶证的，公安机关交通管理部门应当扣留机动车，通知当事人提供相应的牌证、标志或者补办相应手续，并可以按规定予以处罚。

(7) 故意遮挡、污损或者不按规定安装机动车号牌的，处警告或者 20 元以上 200 元以下罚款。

(8) 有下列行为之一的，由公安机关交通管理部门处 200 元以上 2 000 元以下罚款：①未取得机动车驾驶证、机动车驾驶证被吊销或者机动车驾驶证被暂扣期间驾驶机动车的。②将机动车交由未取得机动车驾驶证或者机动车驾驶证被吊销、暂扣的人驾驶的。③造成交通事故后逃逸，尚不构成犯罪的。④机动车行驶超过规定时速 50%的。⑤强迫机动车驾驶人违反道路交通安全法律、法规和机动车安全驾驶要求驾驶机动车，造成交通事故，尚不构成犯罪的。⑥违反交通管制的规定强行通行，不听劝阻的。⑦故意损毁、移动、涂改交通设施,造成危害后果,尚不构成犯罪的。⑧非法拦截、扣留机动车辆,不听劝阻,造成交通严重阻塞或者较大财产损失的。

(9) 驾驶拼装的机动车或者已达到报废标准的机动车上道路行驶的,公安机关交通管理部门应当予以收缴,强制报废。并对驾驶人,处 200 元以上 2 000 元以下罚款,并吊销驾驶证。

(10) 造成交通事故后逃逸的,由公安机关交通管理部门吊销机动车驾驶证,且终生不得重新取得机动车驾驶证。

186 道路交通违法行为的刑事法律责任是如何规定的?

我国刑法规定,违反交通运输管理法规,因而发生重大事故,致人重伤、死亡或者公私财产遭受重大损失的,处 3 年以下有期徒刑或者拘役;交通肇事后逃逸或者有其他特别恶劣情节的,处 3 年以上 7 年以下有期徒刑;因逃逸致人死亡的,处 7 年以上有期徒刑。

(1) 有下列情形之一的,处 3 年以下有期徒刑或者拘役:①死亡 1 人或者重伤 3 人以上,负事故全部责任的。②死亡 3 人以上,负事故同等责任的。③造成公共财产或者他人财产直接损失,负事故全部或主要责任,无能力赔偿能力在 30 万元以上的。

(2) 交通事故致 1 人以上重伤,负事故全部责任或主要责任,并具有下列情形之一的,以交通肇事罪定罪处罚:①酒后、吸食毒品后驾驶机动车的。②无驾驶资格驾驶机动车的。③明知是安全装置不全或者安全机件失灵的机动车而驾驶的。④明知是无牌证或者已报废的机动车辆而驾驶的。⑤严重超载驾驶的。⑥为逃离法律追究逃离事故现场的。

(3) 有下列情形之一的,属于“有其他特别恶劣情节”,处 3 年以上 7 年以下有期徒刑:①死亡 2 人或者重伤 5 人以上,负事故全部或者主要责任的。②死亡 6 人以上,负事故同等责任的。③造成公共财产或者他人财产直接损失,负事故全部或主要责任,无能力赔偿能力在 60 万元以上的。

(4) 其他规定。①“因逃逸致人死亡”,是指行为人在交通肇事

后为逃避法律追究而逃跑，致使被害人因得不到救助而死亡的情形。②行为人在交通肇事后为逃避法律追究，将被害人带离事故现场后隐藏或者遗弃，致使被害人无法得到救助而死亡或者严重残疾的，以故意杀人罪或者故意伤害罪定罪处罚。

187 国家对联合收割机报废有何规定？

（1）危及人身财产安全的农业机械如拖拉机、收割机等，达到报废条件的，应当停止使用，予以报废。

（2）国家对达到报废条件或者正在使用的国家已经明令淘汰的农业机械实行回收。

（3）回收的农业机械由县级人民政府农业机械化主管部门监督回收单位进行解体或者销毁。

（4）已达到国家强制报废标准的拖拉机、联合收割机，或拖拉机、联合收割机因故灭失的，其所有人应当向当地农机监理机构申请注销登记。

（5）拖拉机、联合收割机所有人申请注销登记的，应当交回号牌、行驶证和登记证书；因灭失无法交回的，公告作废。

188 如何参加农机安全互助？

（1）凡从事联合收割机经营的农机户、驾驶人，有省级农业机械安全协会的，承认协会章程和管理办法，按时交纳会费的，均可成为农机安全协会互助会员。

（2）会员交纳会费即可享受与会员标准相对应的会员权益，年度会员权益积分可按规定抵算为会员会费。

（3）会员经营的联合收割机（互保联合收割机）发生事故损害时，按省级农业机械安全协会会员安全互助条款补偿处理规定确定补偿金额，给予会员经济补偿。

（4）到当地农机监理站或农机安全协会办理农机安全互助。

189 对农机驾驶人的职业道德有何要求?

农业机械驾驶操作人员在做到公民道德建设各项要求的同时,还要按照自己所从事农机驾驶操作的职业特点,进一步提高自己的职业道德修养。一是谦虚谨慎,勤奋好学。要养成良好的行为习惯,同行之间要互相学习、互相尊重、互相帮助、互相交流、取长补短、提高技能,高质量、高效率的安全作业。二是遵守法规,杜绝违法。在驾驶作业过程中,要严格遵守农业机械安全法律、法规和规章,做到不违法违规操作,文明驾驶,安全生产。三是善待他人,助人为乐。对需要救助的机械和人员,要积极予以帮助;发现其他机械有安全隐患或驾驶操作方法不正确时,应及时提醒;遇到发生事故需要帮助时,应减速停车,协助对方保护现场,救护伤者,及时报警。四是主动礼让,安全行驶。发现道路堵塞,应按顺序慢行;遇违章超车或占道行使的机车,应主动安全避让。五是安全操作,牢记责任。驾驶操作拖拉机、联合收割机时,要集中精力,谨慎驾驶,仔细观察,提前预防。要树立高度的安全责任意识,以人为本,珍爱生命。

对联合收割机驾驶操作人员职业道德的具体要求为:

(1) 树立高度的安全责任感。安全生产是对农业机械驾驶操作人员最基本、最重要的职业道德要求。在农业机械生产作业过程中,安全生产始终维系在农业机械驾驶操作人员的身上,任何一个失职行为,都有可能引发事故,造成人身和财物的损失。能否做到安全生产,不仅关系到人民生命财产的安全,而且直接影响驾驶员的经济效益、工作效率、社会信誉以及家庭幸福和社会稳定。因而农业机械驾驶人必须树立高度的社会责任心,增强事故防范意识,把“安全第一、谨慎操作”的要求落实到行动上,时刻保持冷静清醒的头脑,防止意外事故的发生。

(2) 严格遵守安全生产法规和规章制度。遵守农业机械安全生产法规和规章制度是驾驶员安全生产的基本保证,也是对农业机械驾驶操作人员职业道德的具体要求。一名优秀的农业机械驾驶员应

该比一般人员具有更强的法制观念和自律能力。所以,每一位农业机械驾驶员都要认真学习相关法规和规章制度,熟记和掌握其内容,掌握安全生产的基本原则,自觉杜绝违章行为的发生。确保有人检查与无人检查一个样,监理人员在场与不在场一个样,把自觉遵守安全生产法规、制度建立在高度自觉的道德认识基础之上。

(3) 培养良好的职业习惯。良好的职业习惯是农业机械驾驶操作人员长期生产实践的经验总结,在生产作业在中必须严格遵守安全操作规程,不随心所欲,坚持文明驾驶,礼貌行车。特别是在道路上要做到不开违章车,不开赌气车,不开英雄车,不开斗气车,要坚持礼让三先(先慢、先让、先停),谨慎驾车,心平气和地按照安全生产法规和操作规程操作。

(4) 努力提高安全驾驶操作技能。农业机械驾驶操作人员没有过硬的驾驶操作技术,就难以胜任工作,就没有安全生产作业的基础,就难以提高应急应变能力,遇到意外情况时会心发慌,导致应对措施失当,酿成大祸。要成为一名合格农业机械驾驶、操作人员,就必须掌握一定的理论知识和安全驾驶、操作的技术,用职业道德标准要求自己,以对人民群众生命财产安全高度负责的态度,勤学苦练,不断提高安全驾驶、操作技能。

(5) 做好农业机械保养,确保安全生产。农业机械设施齐全、性能良好,是农业机械安全生产的重要前提。农业机械要按规定参加安全技术检验,保持机械良好的工作状态,提高安全运行性能。发现故障要及时排除,不开带病车。加强日常维护保养,要做到一日三查,即出车前、行车中、收车后仔细检查、维修,减少因机械故障而造成的事故。

190 驾驶操作联合收割机时应携带哪些证件?

驾驶操作联合收割机必须携带农机安全监理部门核发的联合收割机行驶证、驾驶证;严禁无证驾驶操作或驾驶操作与准驾机型不符的联合收割机。参加跨区作业的联合收割机,还应携带跨区作业证并放在醒目的位置,以便作为免交相关费用的依据。

191 联合收割机上路行驶应注意什么?

联合收割机上道路行驶时,应使联合收割机处于运输状态,并经常检查各悬挂装置;要严格遵守道路交通安全法规,与其他车辆之间要保持一定的安全距离,切勿跟随太紧,以免与前车发生尾追事故;行驶途中要中速行驶、礼让三先,严禁高速行驶,急刹车,急转弯。如遇执法人员检查,要主动放慢速度,靠路边停下,自觉接受检查,决不可在检查人员面前逞强而开赌气车、英雄车。

192 联合收割机行驶时能否搭载他人?

联合收割机转移行驶时,机上乘坐的人数不能超过行驶证核定的载人数,并须坐在规定的安全位置,一般除留 2 名驾驶操作人员轮流驾驶外,其余人员最好乘坐火车或汽车前往割麦地点。切不可为了省钱而坐在联合收割机倾斜输送器上或睡在卸粮台或机箱盖上。

193 跨区作业应注意哪些事项?

(1) 出征之前应根据实际情况,合理安排行程、路线,事先联系好同行伙伴并约定好出行时间。

(2) 携带好必要的日常生活用品、相关证件、随车工具和易损配件如:衣物、常备药品、跨区作业证、驾驶证、行驶证、身份证、通讯设备、维修工具、灭火器、手电筒、计算器、计量皮尺、收割指南及有关技术资料、书籍等。

(3) 了解掌握所到辖区的天气情况,及时主动与当地农机主管部门取得联系,以便及时获得相关信息,很快投入作业。

(4) 相互间要及时保持通信联络,需要等待掉队机车时,应选择行驶车辆少、宽阔的路段靠边停下,并用三角木或砖头垫住轮胎。夜间等候还要打开示宽小灯,以显示机位。禁止将机器停在大桥上或高压电线下。

(5) 配合、服从当地政府或农机主管部门的调配,自觉接受监

督检查。

(6) 在收割过程中,严格遵守操作规程,在确保作业质量的前提下收费合理,热情服务。

(7) 安排好作息时间,严禁疲劳驾驶或带病作业。

(8) 机组人员要注意营养,饮食搭配合理,注意预防疾病,讲究卫生,不吃生、冷、腐烂变质的食物。

(9) 严禁酒后驾驶操作联合收割机行驶或作业。

194 参加跨区作业应具备哪些条件?

(1) 具有农机安全监理机构核发的有效号牌和行驶证。

(2) 驾驶人持有农机安全监理机构核发的有效驾驶证。

(3) 取得县级农业机械管理部门核发的《联合收割机跨区收获作业证》。

(4) 参加由县农业机械管理部门备案的跨区作业中介服务组织统一组建的跨区作业队,并服从管理和调度。

(5) 与跨区作业的供需双方签订跨区作业合同,并报当地农业机械管理部门备案。

(6) 有防火设备,并自愿交纳跨区作业中介服务费。

195 跨区作业道路通行规定有哪些?

(1) 跨区作业期间,机手凭农机、公安、交通等部门联合颁发的《联合收割机跨区收获作业证》,可以在除高速公路、全封闭汽车专用道路以外的道路上行驶。

(2) 参加跨区作业的联合收割机在道路转移过程中,通过公路、桥梁等收费站时免费放行。

(3) 联合收割机过境、转移时,任何单位和个人不得非法上路拦截、诱骗、强迫驾驶员进行收割作业,否则,由事件发生地的农业机械主管部门予以制止。

196 跨区作业前应做好哪些准备工作?

（1）机具准备。要对联合收割机进行全面的检修保养,并经年检合格,确保技术状态良好,备足易损件和必要工具,以便随时维修保养。

（2）信息准备。对各地的地理位置、作业高峰期、种植规格、结算方式、交通状况以及风俗习惯等要有所了解,确定合理的出行时间、作业路线。

（3）物品准备,要带好身份证、驾驶证、行驶证、跨区作业证等证件以及有关证明,带足经费,准备好通讯工具等,及时与当地农机管理部门取得联系,以便获得帮助。

（4）精神准备。跨区机收时间长,劳动强度大,工作辛苦,机手既要有吃苦耐劳、不畏困难的精神准备,又要合理安排休息时间,至少有两个以上的有证驾驶人轮换操作,不能疲劳驾驶操作。

第六章　事故施救

197 联合收割机倾覆施救的挂接点有哪些?

如图 6-1 所示,联合收割机倾覆施救的挂接点有:左右两侧驱动轮轮毂头和前桥驱动轮内侧、后桥管梁。还包括前后牵引挂钩。

图 6-1　联合收割机施救挂接点

1. 右侧驱动轮轮毂头　2. 前桥驱动轮内侧　3. 后桥管梁　4. 左侧驱动轮轮毂头

198 倾覆事故的施救原则是什么?

根据事故发生的具体地点和现场形态,无论采取何种施救工具,都应以采用损害最小的施救方法为原则。如为减少采用吊车施救过程中造成收割机的二次损坏,不宜使用钢丝绳进行起吊,应采用吊带起吊。

199 倾覆事故后如何进行施救?

联合收割机发生倾覆后,如何进行施救往往取决于事故发生地的地形、地貌。一般情况下，事故现场较平坦、空旷可采用拖拉机或收割机进行拖拉施救；若事故现场地势有落差，须进行地面平整，采用铲车拖拉施救；若现场施救地域狭小，采用6～8吨的吊车进行施救；对倾覆在沟里、河道、崖下等的收割机，应采用12吨以上的吊车进行施救。

200 侧翻事故现场地形平坦、空旷时如何施救？

联合收割机侧覆事故现场地形平坦、空旷，施救地域广时，可采用侧拉的办法施救，避免对收割机造成二次损伤。侧拉可用拖拉机、吊车、铲车等机械进行侧拉。

施救案例1

施救过程：田间地域空旷，用一辆拖拉机、一台联合收割机侧拉施救。

施救案例2

施救过程：田间地域空旷，用两台联合收割机侧拉施救。

施救案例 3

施救过程：田间道路空旷，用两台联合收割机侧拉施救。

施救案例 4

施救过程：事故现场施救地域空旷，有较低的塄坎时，用吊车侧拉施救。

201 事故现场有高度落差时如何施救?

事故现场存在高度落差，为保证事故收割机拖拉扶正后能放置平稳，施救前需采用人工或铲车将土塄进行平整后再进行施救。

施救案例 5

施救过程：事故现场施救地域空旷，但塄坎落差较大，应平整塄坎，降低高度，用铲车侧拉施救。

施救案例 6

施救过程:事故现场有较大土塄,用推土机平整事故现场,为施救做准备后用铲车侧拉施救。

施救案例 7

施救过程:事故现场均存在高落差,为保证事故收割机拖拉扶正后平稳,施救前需进行辅助工作,采用人工或铲车将土塄进行平整,再将联合收割机侧拉放置平稳。

202 事故现场空间狭小时应如何施救?

联合收割机发生倾覆、掉沟等事故,现场情况比较复杂,有时事故现场狭小,地势落差大,施救时要根据具体情况合理选择最佳施救方法,以免造成二次损害。一般情况下,用吊车起吊,结合相应的其他辅助手段进行施救。

施救案例 8

施救过程:联合收割机向左倾翻,道路右侧为深沟,防止吊车起吊扶正时发生意外,施救时联合收割机右侧用吊带牵拉。

施救案例 9

施救过程:联合收割机向右倾翻被扶起后,发动联合收割机后前移,为防止意外发生,右侧用吊车进行适当向上提拉。

203 事故现场地势落差大时如何施救?

事故现场地势落差较大时,需要用12吨以上的大型吊车施救。可用大型吊车直接将事故收割机吊起,移至合适位置后再妥善放置。

施救案例10

施救过程:联合收割机坠入路下二十多米后右翻,施救时先将联合收割机扶起,然后按照正常起吊方法,在起吊点挂接施救。

施救案例11

施救过程:联合收割机掉入河内,河岸土质疏松,施救时吊车支撑点应放到河岸边的安全位置,将收割机侧吊到岸上,然后进行侧吊扶正。

●

● ●

● ● ●

施救案例 12

施救过程:联合收割机右翻,施救起吊侧扶后,联合收割机仍在坡面上,再次起吊右侧,使联合收割机左侧轮胎沿坡面下滑至地面即可。

●

● ●

204 联合收割机发生四轮朝天事故时如何施救?

施救案例 13

施救过程:施救时用铲车侧拉联合收割机,为减少机身着地一侧造成二次损伤,先用铲车取大量新土,然后将四轮朝天联合收割机侧拉为右翻状态,最后拖拉扶正即可。

施救案例 14

施救过程:联合收割机四轮朝天翻覆到坑道内,施救时先将联合收割机吊起,后尾落地,去掉后部起吊绳,然后吊车边提升边用人力拖拉,待后轮可着地时,慢慢下落吊车即可。

205 其他事故如何施救?

施救案例 15

施救过程:联合收割机向右侧翻入干涸的池塘里,上方空间有照明电线,且吊车支撑点与联合收割机较远。施救时采用吊车缓慢起吊,用人力侧拉的办法将收割机扶起,然后在左右两侧驱动轮轮毂头重新挂接起吊,用人力在前方拖拉,将联合收割机缓慢拉至平路。

施救案例 16

施救过程：联合收割机侧后方撞入土堆，施救时，用千斤顶将左侧慢慢升起，在驱动轮胎下垫土缓慢将收割机扶正，然后发动联合收割机，采用前拖拉将其拖出即可。为保障安全，用千斤顶扶正过程中，右侧用拖拉机侧拉。

施救案例 17

施救过程：联合收割机左倾斜于公路旁的排水沟内，要避免造成公路及路旁绿化树木的损坏，施救时采用千斤顶和小型挖机缓慢将收割机扶正。

施救案例 18

施救过程：联合收割机向右倾翻，道路狭窄，树木多，且下大雨，吊车无法到达现场，采用铲车侧拉施救。先用铲车将地面泥土聚集在一起(作为侧拉时驱动轮与地面的润滑剂)，然后用铲车侧拉扶起，用木棍在收割机右侧支撑，改换侧拉挂接点，铲车向后拖拉，将联合收割机滑出扶正。

第七章　事故案例

农业机械化是实现农业现代化和新型城镇化的重要基础。农机安全生产事关人民群众生命财产安全，事关改革开放、经济发展和社会稳定大局，事关党和政府的形象和声誉。近年来，在各级政府、农机安全管理部门、社会各界及广大农机从业人员的共同努力下，全国农机安全生产形势总体稳定。但农机安全事故时有发生，安全生产形势依然严峻。据陕西省农机安全协会统计和分析，陕西省 2012 年和 2013 年参加农机互助保险的收割机分别发生事故 889 起和 1 285 起，共造成 24 人死亡，321 人受伤，给人民群众生命和财产带来很大损失。人为因素是引发农机事故的主要原因，包括疲劳驾驶、违反安全操作规程、不遵守交规、无证或证照不符驾驶操作等；机械原因是引起事故的次要原因，包括私自拆卸，改装结构、维修保养不足、零部件不达标等；环境因素也是引发农机事故不可忽视的原因，包括机耕道路不畅、田间（树木、电杆、墓碑、水利设施等）障碍物多等。

为了减少农机事故，降低事故损失，保护农机拥有者、驾驶操作者、使用者和全体社会公民的生命财产安全，现汇编部分联合收割机事故案例，旨在用血淋淋的事故事实引起人们心灵的警示与震撼，时刻牢记农机事故可能无情地吞噬无辜的生命。希望广大联合收割机驾驶操作人、辅助作业人员和使用人员，汲取事故教训，筑牢安全防线，高高兴兴驾机去，平平安安回家来，使农机致富之路越走越宽。

206 无证驾驶引发的事故

有相当一部分人认为,联合收割机操作简单,加之又不愿掏钱参加农机培训、考试,办理驾驶证,买了机具就自己驾驶操作,往往会导致事故发生。其实,无论是拖拉机还是联合收割机,其对驾驶人的驾驶操作技能的要求都比驾驶汽车高,因为拖拉机和联合收割机不仅驾驶操作的自动化程度与汽车相差很多,其作业环境也极其恶劣,稍有不慎,机毁人亡。因此,依法取得相应的驾驶证、操作证,不仅仅是遵规守法的要求,更是农机驾驶人学习掌握农机安全法规和安全操作知识,提高驾驶操作技能,保障自身和他人生命财产安全的必要途径和手段。望各位机手牢记:无证驾驶害人害己!

案例 1

事故经过:2010 年 6 月 14 日 11 时许,陕西省蓝田县村民韩某,无证违法驾驶陕 03/XXXXX 号联合收割机,在本村收割小麦时,收到地头后,机主齐某发现割台处被积草堵塞,在未停机的情况下用手清理堵塞物,由于驾驶人韩某无证违法驾驶操作,不懂安全操作规程,在未停机的情况下,准备下来帮忙时误撞主离合器连接杆,割刀闪动将齐某左手手指切断,造成人身伤害的田间农机事故。

事故原因:韩某违反国务院《农业机械安全监督管理条例》第二十二条和《陕西省农业机械管理条例》第二十三条关于联合收割机驾驶操作人培训考证的规定以及《陕西省农业机械安全操作规程》第十二条"农业机械检修、保养、排除故障、清除缠草、泥土杂物等,应在停机状态下进行"和第二十六条第八款"作业中因堵塞或其他原因影响工作时,应断开行走离合器、工作离合器、卸粮离合器,必要时立即停止发动机工作,排除故障"的规定,无证违法驾驶操作联合收割机进行作业,欠缺农机安全生产常识,在未停机的情况下用手清理堵塞物,忽视安全是造成本次农机事故的根本原因。

案例 2

事故经过:2010 年 6 月 16 日 23 时许,陕西省咸阳市渭城区村民赵某,无证违法驾驶操作陕 04/XXXXX 号铁牛联合收割机转移时,由南向北行驶到渭城区窑店镇西毛村六组的田间生产路上,由于驾驶人操作技能差,加之刚下过雨路面湿滑,驾驶人操作失误,致使收割机侧翻于路边麦田之中,造成收割机多处损坏的农机事故。

事故原因:赵某违反国务院《农业机械安全监督管理条例》第二十二条和《陕西省农业机械管理条例》第二十三条关于联合收割机驾驶操作人培训考证的规定以及违反《陕西省农业机械安全操作规程》第十三条第三款"转移作业场地时,机组应调整为运输状态。通过街道、村镇等复杂路段时,应减速缓行,必要时应当有专人护送"的规定,欠缺农机安全生产基本常识,无证违法驾驶操作联合收割机转移作业,技术生疏,操作失误是造成本次农机事故的主要原因。

案例 3

事故经过:2011 年 6 月 7 日 12 时许,陕西省岐山县村民史某,无证违法驾驶陕 03/XXXXX 号联合收割机,在岐山县故郡乡普庵村田间收麦时,由于驾驶人史某无证操作,技术生疏,倒车时麻痹大意、不注意观察周围情况,导致收割机撞上从路边经过的拖拉机,造成拖拉机翻入路边沟里,驾驶人重伤的农机事故。

事故原因:史某安全意识淡薄,违反国务院《农业机械安全监督管理条例》第二十二条和《陕西省农业机械管理条例》第二十三条关于联合收割机驾驶操作人培训考证的规定以及违反《陕西省农业机械安全操作规程》第十七条第八款"倒车时应事先发出信号,确认无障碍后,缓慢倒退,并随时作好刹车准备"的规定,缺少农机安全生产基本常识,倒车时对周围及机后情况观察不周,技术生疏、盲目操作是造成本次事故的根本原因。

案例 4

事故经过:2012 年 6 月 16 日 18 时许,陕西省铜川市耀州区村民龙某，无证违法驾驶陕 02/XXXXX 号联合收割机，在本镇白瓜村收割小麦，在地头倒车时，由于龙某技术不熟练，未观察周围情况，将收割机倒入路上与在道路由西向东正常行驶的摩托车发生碰撞，造成摩托车驾驶人及乘员两人重伤的农机道路交通事故。

事故原因：龙某欠缺基本农机安全生产常识，违反国务院《农业机械安全监督管理条例》第二十二条和《陕西省农业机械管理条例》第二十三条关于联合收割机驾驶操作人培训考证的规定以及违反《陕西省农业机械安全操作规程》第十七条第八款“倒车时应事先发出信号，确认无障碍后，缓慢倒退，并随时作好刹车准备”的规定，无证违法驾驶操作联合收割机作业，倒车时对周围及机后情况观察不周，技术生疏、盲目操作是造成本次事故的唯一原因。

案例 5

事故经过：2010 年 6 月 23 日 13 时许，陕西省三原县村民王某，无证违法驾驶陕 04/XXXXX 号联合收割机，在淳化县润镇寨子村收割小麦，在地头行驶准备卸麦时，因驾驶人不具备收割机安全驾驶操作资格，在临沟地边作业时粗心大意，操作失误，导致收割机坠入地头 10 米深的沟内，造成驾驶人重伤，收割机多处严重损坏的农机事故。

事故原因：王某欠缺基本农机安全生产常识，违反国务院《农业机械安全监督管理条例》第二十二条和《陕西省农业机械管理条例》第二十三条关于联合收割机驾驶操作人培训考证的规定以及《陕西省农业机械安全操作规程》第十三条第二款“进入田间作业前，应踏查作业田块，清除石块、木桩等障碍物，并在崖边、墓地、陷坑、井、渠等处设立标志”的规定，无证违法驾驶操作联合收割机，忽视安全、操作失误是造成本次农机事故的根本原因。

案例 6

事故经过：2012 年 6 月 6 日 11 时 40 分许，陕西省凤翔县农机驾驶人辛某，无证违法驾驶陕 03/XXXXX 号联合收割机在本村田间收割小麦作业时，因收割机无法启动，辛某下车调试，让其妻在车上启动收割机，当其妻操作启动收割机时，辛某右手未脱离收割

机三连带处，造成其右手大拇指被夹断的农机事故。

事故原因：辛某违反《陕西省农机安全监督管理办法》第二十条："不准将农业机械交给无证人员驾驶和操作"的规定以及《陕西省农业机械安全操作规程》第十二条"农业机械检修、保养、排除故障、清除缠草、泥土杂物等，应在停机状态下进行"和第二十六条"作业中因堵塞或其他原因影响工作时，应断开行走离合器、工作离合器、卸粮离合器，必要时立即停止发动机工作，排除故障"的规定，违章操作，将联合收割机交给无证人操作是造成本期事故的重要原因。其妻无证违法操作联合收割机，违反国务院《农业机械安全监督管理条例》第二十二条和《陕西省农业机械管理条例》第二十三条关于联合收割机驾驶操作人培训考证的规定，不懂农机安全生产常识是造成本次事故的另一重要原因。

案例 7

事故经过：2011 年 6 月 7 日 20 时许，陕西省武功县村民李某无证违法驾驶陕 04/XXXXX 号联合收割机，在本村收麦作业完毕返回途中，因田间土路狭窄，收割机行驶时距路沿太近，驾驶人技术生疏，操作失误，导致收联合割机滑下路边沟内，造成收割机多处损坏的农机事故。

事故原因：李某违反国务院《农业机械安全监督管理条例》第二十二条和《陕西省农业机械管理条例》第二十三条关于联合收割机驾驶操作人培训考证的规定和《陕西省农业机械安全操作规程》第十三条第二款"进入田间作业前，应踏查作业田块，清除石块、木桩等障碍物，并在崖边、墓地、陷坑、井、渠等处设立标志"的规定，无证违法驾驶、操作联合收割机，忽视安全，操作失误是造成本次事故的根本原因。

案例 8

事故经过：2012 年 6 月 10 日 19 时许，陕西省岐山县村民彭某，无证违法驾驶操作陕 03/XXXXX 号联合收割机，在本县蒲村镇崛山村农田收割小麦倒车时，由于彭某驾驶技术生疏，操作失误，导致收割机坠入地头约 20 米深沟下，造成彭某重伤，经抢救无效后死亡，联合收割机严重损坏的农机事故。

事故原因：彭某违反国务院《农业机械安全监督管理条例》第二十二条和《陕西省农业机械管理条例》第二十三条关于联合收割机驾驶操作人培训考证的规定以及违反《陕西省农业机械安全操作规程》第十三条第二款“进入田间作业前，应踏查作业田块，清除石块、木桩等障碍物，并在崖边、墓地、陷坑、井、渠等处设立标志”的规定，无证违法驾驶、操作联合收割机，不懂农机安全生产常识，忽视安全，操作失误是造成本次事故的根本原因。

207 机件失效引发的事故

熟悉联合收割机构造、原理和安全操作规程，按规定对所驾驶操作的联合收割机进行检查、保养、维修和保管，每次作业前对联合收割机的主要安全部件如转向、制动、灯光、离合器、变速器等进行检查，是确保机械安全运行的必要手段和有效措施。严禁收割机带“病”作业，杜绝因机件失效造成农机事故，应当成为每个农机驾驶人的座右铭。

案例 9

事故经过：2011 年 6 月 13 日 11 时许，陕西省扶风县农机驾驶人伏某，驾驶陕 03/XXXXX 号联合收割机行至凤翔县汉窦公路时，由于平时疏于保养，齿轮泵皮带过松，致使皮带打滑，齿轮泵不工作而转向失灵，联合收割机失去控制后撞倒路边 3 棵松树，向右侧翻于路边的玉米地里，造成驾驶人重伤，联合收割机严重损坏的农机道路交通事故。

事故原因：伏某违反国务院《农业机械安全监督管理条例》第二十四条关于农业机械操作人员作业前，应当对农业机械进行安全查验的规定和《陕西省农业机械安全操作规程》第五条关于农业机械驾驶操作人保持农业机械工作部件及附属设备齐全有效的规定以及第八条“农业机械的安装连接应牢固、正确、可靠。皮带、链条、齿轮等传动、转动部件应松紧适度，运转灵活，润滑良好，工作正常。凡能引起伤害的运动件，应安装防护设施或设置安全警告

标志”的规定，作业前未对联合收割机进行安全查验，致使皮带打滑，导致转向失灵。麻痹大意，忽视安全是造成本次事故的根本原因。

案例 10

事故经过：2010 年 6 月 16 日，陕西省三原县农机驾驶人张某，驾驶陕 04/XXXXX 号福田联合收割机转移时，行驶到淳化县方里镇唐家村村口时，因转向突然失灵，致使收割机失控，撞到道路左边的土堆上，造成联合收割机割台严重损坏的农机事故。

事故原因：张某违反国务院《农业机械安全监督管理条例》第二十四条关于农业机械操作人员作业前，应当对农业机械进行安全查验的规定和《陕西省农业机械安全操作规程》第八条“农业机械的安装连接应牢固、正确、可靠。皮带、链条、齿轮等传动、转动部件应松紧适度，运转灵活，润滑良好，工作正常”的规定以及第九条“农业机械应保持整机完好，无裂纹变形和锈蚀，不得错装或有碍安全的改装。轮胎气压符合规定。离合器、变速器、转向器、制动器工作正常可靠”的规定，忽视对机械的日常保养、检修，导致收割机转向突然失效，是造成本次农机事故的根本原因。

案例 11

事故经过：2012 年 6 月 10 日 8 时许，陕西省渭南市临渭区农机驾驶人李某，驾驶陕 05/XXXXX 号联合收割机道路转移过程中，由西向东行驶至合阳县百良镇东宫城村路口时，因收割机制动失效，致使收割机与同向行驶的该村陈某所驾驶的晋 MXXXX 号摩托车发生碰撞事故，造成摩托车驾驶人陈某重伤、乘员王某经抢救无效死亡的农机道路事故。

事故原因：李某安全意识不强，违反国务院《农业机械安全监督管理条例》第二十四条“农业机械操作人员作业前，应当对农业机械进行安全查验”的规定和第二十三条“操作未按照规定登记、检验或者检验不合格、安全设施不全、机件失效的拖拉机、联合收割机”以及违反《陕西省农业机械安全操作规程》第九条“农业机械应保持整机完好，无裂纹变形和锈蚀，不得错装或有碍安全的改装。轮胎气压符合规定。离合器、变速器、转向器、制动器工作正常可靠”的规定，作业前对机械维护、检修、保养不到位，导致制动器失效，行驶中麻痹大意，忽视安全是造成本次事故的根本原因。

案例 12

事故经过：2011 年 6 月 7 日 15 时许，陕西省岐山县农机驾驶人吕某，驾驶操作陕 03/XXXXX 号联合收割机在本村张某家田间进行收麦作业时，由于离合器突然失效，在收割机距地头安全距离不足 1 米时，吕某跳车逃生，收割机坠入 20 米深的土崖下，造成联合收割机多处严重受损的农机事故。

事故原因：吕某农机安全生产意识差，违反国务院《农业机械安全监督管理条例》第二十四条“农业机械操作人员作业前，应当对农业机械进行安全查验”的规定和第二十三条“操作未按照规定登记、检验或者检验不合格、安全设施不全、机件失效的拖拉机、联合收割机”以及违反《陕西省农业机械安全操作规程》第十三条“进入田间作业前，应踏查作业田块，清除石块、木桩等障碍物，并在崖边、墓地、陷坑、井、渠等处设立标志”的规定，作业前未对联合收割机和作业田块周围地形进行安全查验，导致制动器失效，在地头调头时操作失误，作业中麻痹大意，忽视安全是造成本次事故的根本原因。

案例 13

事故经过：2011 年 5 月 21 日 6 时许，陕西省泾阳县农机驾驶人王某，驾驶本镇滑里村王某的陕 04/XXXXX 号联合收割机转移时，行至河南省西峡县重阳镇八面下街村分水岭 G312 国道处时，收割机转向突然失灵，加之驾驶人采取措施不当，致使收割机坠入路边 3 米深沟下，造成收割机严重损坏的农机道路事故。

事故原因：王某违反国务院《农业机械安全监督管理条例》第二十四条“农业机械操作人员作业前，应当对农业机械进行安全查验”的规定和第二十三条“操作未按照规定登记、检验或者检验不合格、安全设施不全、机件失效的拖拉机、联合收割机”的规定和《陕西省农业机械安全操作规程》第九条“农业机械应保持整机完

好，无裂纹变形和锈蚀，不得错装或有碍安全的改装。轮胎气压符合规定。离合器、变速器、转向器、制动器工作正常可靠”的规定，欠缺农机安全生产基本常识，不注意机械的日常保养、维护、检修，导致收割机转向失效，行驶中忽视安全，操作失误是造成本次事故的重要原因。

案例 14

事故经过：2013 年 5 月 20 日 23 时左右，陕西省西安市临潼区农机驾驶人凌某驾驶陕 01/XXXXX 号联合收割机，在临潼区零口镇西洼村田间转移时，因天黑视线不清，收割机灯光失效，操作不当，收割机翻入 10 米多深的沟里，造成凌某受伤，收割机严重损坏的农机事故。

事故原因：凌某违反国务院《农业机械安全监督管理条例》第二十四条“农业机械操作人员作业前，应当对农业机械进行安全查验”的规定和第二十三条“操作未按照规定登记、检验或者检验不合格、安全设施不全、机件失效的拖拉机、联合收割机”的规定和《陕西省农业机械安全操作规程》第二十六条“谷物联合收割机应配备灭火器(弹)，并保证其性能良好。夜间作业照明系统应当完好，电器系统发生故障应当使用防火灯”的规定，欠缺农机安全生产基本常识，不注意对联合收割机的日常保养、维护、检修，导致收割机灯光失效，夜间行驶忽视安全，在视线不清的情况下高速行驶，操作失误是造成本次事故的直接原因。

案例 15

事故经过：2012 年 6 月 13 日 12 时许，陕西省凤翔县农机驾驶人谭某，驾驶陕 03/XXXXX 号联合收割机，在本村田间进行小麦收割作业时，由于制动器突然失效，导致收割机坠入 4 米深的沟下，造成收割机严重损坏，驾驶人重伤的农机事故。

事故原因：谭某违反国务院《农业机械安全监督管理条例》第二十四条“农业机械操作人员作业前，应当对农业机械进行安全查验”的规定和第二十三条“操作未按照规定登记、检验或者检验不合格、安全设施不全、机件失效的拖拉机、联合收割机”的规定和

《陕西省农业机械安全操作规程》第九条“农业机械应保持整机完好，无裂纹变形和锈蚀，不得错装或有碍安全的改装。轮胎气压符合规定。离合器、变速器、转向器、制动器工作正常可靠”的规定，作业前对机械检查、维护、保养不到位，致使收割机刹车突然失灵，作业忽视安全，操作失误是造成这起事故的直接原因。

案例 16

事故经过：2012 年 6 月 25 日 15 时许，陕西省渭南市临渭区农机驾驶人刘某，驾驶陕 05/XXXXX 号联合收割机转移时，行驶到省道 S106 富平县东关处时，由于收割机导向油缸机件断裂，导致转向失效，致使收割机失控冲出路面后坠入 10 米深的沟下，造成驾驶人重伤、收割机严重损坏的农机事故。

事故原因：刘某违反国务院《农业机械安全监督管理条例》第二十四条“农业机械操作人员作业前，应当对农业机械进行安全查验”的规定和第二十三条“操作未按照规定登记、检验或者检验不合格、安全设施不全、机件失效的拖拉机、联合收割机”和《陕西省农业机械安全操作规程》第九条“农业机械应保持整机完好，无裂纹变形和锈蚀，不得错装或有碍安全的改装。轮胎气压符合规定。离合器、变速器、转向器、制动器工作正常可靠”的规定，作业前未对机械进行检查、检修、保养，驾驶有安全隐患的联合收割机行驶作业，导致转向器失效是造成本次事故的直接原因。

208 高速行驶引发的事故

联合收割机行驶作业环境恶劣，在跨区作业转移中还要在道路上行驶，因其机体质量大、重心高，如果超速或高速行驶，在遇到危险紧急情况制动时惯性大，制动距离长，高速转弯或猛打转向时极易造成侧翻；在道路上行驶时因其机体较宽也容易与其他车辆、行人等发生挂檫、碰撞而导致事故发生。因此，联合收割机上道路行驶时，应遵守道路交通安全法规，左、右制动板应锁住；驾驶室不得超员乘坐，不得放置有碍操作及有安全隐患的物品；夜间行驶以及遇有沙尘、冰雹、雨、雪、雾、结冰等气候条件时，应降低行驶速

度，开启前照灯、示廓灯和后位灯，雾天行驶还应开启危险报警闪光灯；上、下坡时应直线行驶，不得急转弯、横坡掉头；下坡时不得空挡或分离离合器滑行；为了您和他人的生命财产安全，请您遵守安全操作规程，切勿高速行驶。

案例 17

事故经过：2012 年 7 月 26 日 18 时许，陕西省扶风县农机驾驶人赵某，驾驶陕 03/XXXXX 号联合收割机，在甘肃省白银市景泰县喜泉镇余梁村进行小麦收获作业完毕，转移地块时行驶至公路拐弯处，与迎面驶来的小汽车会车时，由于高速行驶，驾驶人操作不当，致使收割机向右侧翻，造成驾驶人重伤、收割机多处损坏的农机道路交通事故。

事故原因：赵某违反《中华人民共和国道路交通安全法》第四十二条“机动车上道路行驶，不得超过限速标志标明的最高时速。在没有限速标志的路段，应当保持安全车速”的规定和《中华人民共和国道路交通安全法实施条例》第四十六条“机动车行驶中遇有掉头、转弯、下陡坡时，最高行驶速度不得超过每小时 30 千米，其中拖拉机、电瓶车、轮式专用机械车不得超过每小时 15 千米”的规定，驾驶、操作联合收割机高速急转弯，在与汽车会车时惊慌失措，操作失误是造成本次事故的唯一原因。

案例 18

事故经过：2010 年 6 月 17 日 5 时许，陕西省凤翔县农机驾驶人凡某，驾驶陕 03/XXXXX 号联合收割机转移，由东向西行驶到本村槐东路丁字路口时，因行驶速度过高，在躲避路上行人时，慌忙之中操作失误，致使联合收割机翻入路南玉米地里，造成收割机多处损坏的农机事故。

事故原因：凡某违反《中华人民共和国道路交通安全法》第四十二条：“机动车上道路行驶，不得超过限速标志标明的最高时速。在没有限速标志的路段，应当保持安全车速”的规定和《中华人民共和国道路交通安全法实施条例》第四十五条“没有道路中心线的道路，城市道路为每小时 30 千米，公路为每小时 40 千米”及《陕西省农业机械安全操作规程》第十三条“转移作业场地时，机组应调整为运输状态。通过街道、村镇等复杂路段时，应减速缓行，必要时应当有专人护送”的规定，驾驶、操作联合收割机转移通过丁字路口时高速行驶，遇到突然出现的行人后惊慌失措，操作失误是造成本次事故的直接原因。

案例 19

事故经过：2011 年 6 月 9 日 10 时许，陕西省凤翔县农机驾驶人张某，驾驶陕 03/XXXXX 号联合收割机，在本村收割小麦转移过程中，因行驶速度过高，在避让行人时操作失误，致使收割机侧翻入路边 1.2 米深的沟内，造成收割机多处损坏的农机事故。

事故原因：张某违反《中华人民共和国道路交通安全法》第四十二条“机动车上道路行驶，不得超过限速标志标明的最高时速。在没有限速标志的路段，应当保持安全车速”的规定和《中华人民共和国道路交通安全法实施条例》第四十五条“没有道路中心线的道路，城市道路为每小时 30 千米，公路为每小时 40 千米”的规定及《陕西省农业机械安全操作规程》第十三条“转移作业场地时，机组应调整为运输状态。通过街道、村镇等复杂路段时，应减速缓行，必要时应当有专人护送”的规定，驾驶、操作联合收割机转移时高速行驶，遇到突然出现的行人后避让失误是造成本次收割机倾翻事故的直接原因。

案例 20

事故经过：2011 年 7 月 25 日 18 时许，陕西省乾县农机驾驶人张某，驾驶操作陕 04/XXXXX 号联合收割机跨区作业转移时，行至甘肃省金昌市双湾镇黑沙窝村处时，由于行驶速度过快，在紧急避让迎面驶来的车辆时，操作失误导致联合收割机向右倾翻，造成联合收割机多处损坏的农机道路交通事故。

事故原因：张某违反《中华人民共和国道路交通安全法》第四十二条“机动车上道路行驶，不得超过限速标志标明的最高时速。在没有限速标志的路段，应当保持安全车速”的规定和《中华人民共和国道路交通安全法实施条例》第四十五条“没有道路中心线的

道路，城市道路为每小时 30 千米，公路为每小时 40 千米”及《陕西省农业机械安全操作规程》第十三条“转移作业场地时，机组应调整为运输状态。通过街道、村镇等复杂路段时，应减速缓行，必要时应当有专人护送”的规定，缺少农机安全驾驶操作经验，驾驶操作联合收割机高速行驶，会车时惊慌失措，在紧急避让迎面驶来的车辆时操作失误是造成本次事故的事故唯一原因。

案例 21

事故经过：2011 年 7 月 12 日 12 时许，陕西省凤翔县农机驾驶人王某，驾驶陕 03/XXXXX 号联合收割机，在宁夏回族自治区中卫市迎水镇河滩村乡间路面转移时，由于高速行驶，在与迎面驶来电动车会车时，避让不及，导致收割机向右侧翻入路边稻田中，造成联合收割机多处损坏的农机事故。

事故原因：王某违反《中华人民共和国道路交通安全法》第四十二条“机动车上道路行驶，不得超过限速标志标明的最高时速。在没有限速标志的路段，应当保持安全车速”的规定和《中华人民共和国道路交通安全法实施条例》第四十五条“没有道路中心线的道路，城市道路为每小时 30 千米，公路为每小时 40 千米”及《陕西省农业机械安全操作规程》第十三条“转移作业场地时，机组应调整为运输状态。通过街道、村镇等复杂路段时，应减速缓行，必要时应当有专人护送”的规定，驾驶操作联合收割机高速行驶，在紧急避让迎面驶来的电动车时惊慌失措，操作失误是造成本次事故的重要原因。

案例 22

事故经过：2012 年 7 月 13 日 12 时许，陕西省渭南市临渭区农机驾驶人梁某，驾驶操作陕 05/XXXXX 号联合收割机进行道路转移时，由西向东行驶到 G312 国道泾川—长武路段下坡时，一辆面包车从其后超越后紧急停车，驾驶人梁某为避免发生碰撞采取紧急避让，由于行驶速度较高，避让失误，致使收割机驶出路面坠入 3 米深的路沿下，造成驾驶人及乘员重伤、收割机严重损坏的农机道路交通事故。

事故原因：梁某违反《中华人民共和国道路交通安全法》第四十二条“机动车上道路行驶，不得超过限速标志标明的最高时速。在没有限速标志的路段，应当保持安全车速”的规定和《中华人民共和国道路交通安全法实施条例》第四十六条“机动车行驶中遇有掉头、转弯、下陡坡时，最高行驶速度不得超过每小时30千米，其中拖拉机、电瓶车、轮式专用机械车不得超过每小时15千米”的规定，在驾驶操作联合收割机道路转移时，高速行驶且未与前车保持足够的安全距离，操作失误是造成本次事故的重要原因。

案例23

事故经过：2013年5月21日6时左右，陕西省渭南市临渭区农机驾驶人张某，驾驶陕05/XXXXX号联合收割机，在河南省镇平县沿G312国道高速行驶，因操作失误，与豫KXXXXX号大货车发生碰撞，造成张某2根肋骨骨折，收割机侧翻的事故。

事故原因：张某农机安全生产意识差，违反《中华人民共和国道路交通安全法》第四十二条“机动车上道路行驶，不得超过限速标志标明的最高时速。在没有限速标志的路段，应当保持安全车速”的规定和《中华人民共和国道路交通安全法实施条例》第四十五条关于机动车行驶速度的规定，缺少农机安全生产基本常识和道路安全驾驶操作经验，在驾驶操作联合收割机进行道路转移时，忽视安全，操作失误是造成本次事故的重要原因。豫KXXXXX号大货车对本次事故也应负有重要责任。

案例24

事故经过：2013年5月22日18时左右，陕西省渭南市临渭区农机驾驶人宋某，驾驶陕05/XXXXX号联合收割机，在河南省南阳市内乡县王店镇沿道路转移时高速急转弯，与一辆三轮摩托车相撞，造成三轮车上6人不同程度受伤（包括一名不满周岁的小孩），三轮车严重受损的事故。

事故原因：宋某违反《中华人民共和国道路交通安全法》第四十二条“机动车上道路行驶，不得超过限速标志标明的最高时速。在没有限速标志的路段，应当保持安全车速”的规定和《中华人民共和国

共和国道路交通安全法实施条例》第四十六条“机动车行驶中遇有掉头、转弯、下陡坡时，最高行驶速度不得超过每小时30千米，其中拖拉机、电瓶车、轮式专用机械车不得超过每小时15千米”的规定，在道路转移时，对周围环境及道路来车情况观察不周，盲目高速急转弯，操作失误是造成本次事故的重要原因。三轮摩托车也应负事故责任。

209 疲劳驾驶引发的事故

联合收割机的作业期仅限于“三夏”、“三秋”两忙季节，这个时期气温本来就高，精力损耗大，驾驶操作人员易疲劳，注意力易分散。一部分驾驶操作人员为了抓紧时机多挣钱，往往不合理安排工作时间，不注意休息，疲劳作业，发生事故又后悔莫及。因此，联合收割机作业特别是跨区作业时应配备2～3名取得合法驾驶操作资格的人员轮换操作，一个人连续驾驶操作最好不超过4小时，要把“严禁疲劳驾驶，确保安全致富”作为每个联合收割机农机经营者、驾驶操作者的基本理念。

案例25

事故经过：2010年6月14日凌晨2时许，陕西省凤翔县农机驾驶人张某，驾驶陕03/XXXXX号联合收割机由东向西行驶到西宝中线杨凌区约3千米处时，因驾驶人张某连续作业，疲劳驾驶，操作失误，致使联合收割机冲出路面后，撞到路边的树上，造成联合收割机割台严重损坏的农机道路交通事故。

事故原因：张某农机安全生产意识不强，违反《陕西省农业机械安全操作规程》第四条“禁止疲劳驾驶、操作农业机械”的规定，在驾驶操作联合收割机跨区作业时，未合理安排作业时间，疲劳驾驶，操作失误是造成本次事故的直接原因。

案例26

事故经过：2010年6月19日19时许，陕西省三原县农机驾驶人李某，驾驶陕04/XXXXX号联合收割机道路转移时，由北向南行驶到三原县西阳镇路段，因驾驶人疲劳驾驶、行驶速度过快、操作失误，将联合收割机开出路面撞到树上倾翻，造成收割机严重损坏的农机道路交通事故。

事故原因：李某农机安全生产意识薄弱，违反《陕西省农业机械安全操作规程》第四条“禁止疲劳驾驶、操作农业机械”的规定，在驾驶操作联合收割机作业时，未合理安排作业与休息时间，连续作业又疲劳驾驶，高速行驶，操作失误，是造成本次事故的根本原因。

210 操作失误引发的事故

操作失误而引发的农机事故都是驾驶人思想麻痹大意造成的，这类人往往办事不认真，对任何事情马马虎虎，自身的驾驶技能较差却又很自负。现实中，驾驶联合收割机时有任何一点马虎大意，都可能造成无法挽回的损失。因此，联合收割机驾驶操作人员应加强农机安全法规、安全生产常识的学习，不断提高遵法守规意识、安全生产自觉性和驾驶操作技能，提高识险、避险能力，做到遵法守规、安全作业，严格按照操作规程驾驶、操作联合收割机。进入作业场地之前，要对作业田块及通行路线进行认真查勘，熟悉地形，并在危险地段如沟边、崖边、陷坑、井、渠、电杆、树木等地段做出明显的安全标志；在道路上转移行驶过程中，要遵守交通安全法规，严格按规定时速安全行驶，不高速或超速行驶并与前车保持足够的安全距离，在通过十字路口时，要严格遵守主干道优先通行的原则通行；在田间转移遇到狭窄、陡坡、急转弯等复杂、危险路段或雨后湿滑路段以及人口密集的地方，要谨慎操作，低速行驶，安全通过；对不适合联合收割机通过的危险路段要绕行或进行修整后再通行，必要时要有人指挥通过；倒车时应先发出信号，环顾左右，看清周围及机后情况，确认无障碍后，缓慢倒行；在前进或倒退过程中禁止人员靠近；禁止在未停止发动机运转的情况下对机械进行检修、保养、排除故障、清除缠草、泥土杂物等；参与农机作业的女性人员应留短发，忌留长发，禁止妇女未戴工作帽、长发外露参与农机辅助作业；当发生联合收割机倾翻事故时，严禁向倾翻方

向跳车逃生，避免被机具压伤。在停放联合收割机时，要采取制动和防溜滑措施。在地头调头时，尽量使用前进的方式操作收割机调头，严禁在崖边、沟边等危险地段倒退作业。

案例 27

事故经过：2010 年 6 月 19 日 21 时许，陕西省凤翔县农机驾驶人王某，驾驶陕 03/XXXXX 号联合收割机在凤翔县柳林镇三家店村农田收割小麦时，操作失误，超速驾驶，致使收割机驾驶室碰撞到一塔形电线杆上，造成驾驶室顶棚左上角局部损坏，驾驶室立柱变形的农机事故。

事故原因：王某违反《中华人民共和国道路交通安全法》第四十二条“机动车上道路行驶，不得超过限速标志标明的最高时速。在没有限速标志的路段，应当保持安全车速”的规定和《陕西省农业机械安全操作规程》第十三条“进入田间作业前，应踏查作业田块，清除石块、木桩等障碍物，并在崖边、墓地、陷坑、井、渠等处设立标志”的规定，在作业之前未按规定对作业场地进行认真查勘，在树木、电杆等障碍处设立安全标志，且夜间视线不清，收割过程中超速驾驶，操作失误是造成本次事故的根本原因。

案例 28

事故经过：2011 年 6 月 3 日 16 时许，陕西省西安市临潼区农机驾驶人封某，驾驶陕 01/XXXXX 号联合收割机在咸阳市兴平市丰仪镇田间收割小麦作业时，操作失误，导致收割机撞上麦地中树桩，造成收割机割台割刀损坏的农机事故。

事故原因：封某农机安全生产意识差，违反国务院《农业机械安全监督管理条例》第二十四条关于农业机械操作人员作业前，应当对农业机械进行安全查验的规定和《陕西省农业机械安全操作规程》第十三条“进入田间作业前，应踏查作业田块，清除石块、木桩等障碍物，并在崖边、墓地、陷坑、井、渠等处设立标志”的规定，进入田间作业前，事先未按规定观察作业田块周围环境，在树桩、电杆等障碍处设立安全标志，收割过程中对田间障碍观察不够，麻痹大意、操作失误是造成本次事故的根本原因。

案例 29

事故经过:2010 年 6 月 24 日 21 时许,陕西省三原县农机驾驶人李某,驾驶陕 04/XXXXX 号联合收割机进行道路转移时,行驶到咸阳市旬邑县湫坡头芝村路段,因没有与前方行驶的联合收割机保持足够的安全距离,操作失误,导致自己驾驶的收割机撞到前方同方向行驶的联合收割机尾部,造成收割机多处损坏的农机道路交通事故。

事故原因:驾驶人李某违反《中华人民共和国道路交通安全法》第四十二条“机动车上道路行驶,不得超过限速标志标明的最高时速。在没有限速标志的路段,应当保持安全车速”的规定和第四十三条“同车道行驶的机动车,后车应当与前车保持足以采取紧急制动的安全距离”的规定,缺少农机道路安全行驶基本经验,行驶中没有与前方行驶的联合收割机保持足够的安全距离,在遇到紧急情况时操作失误,是造成这次联合收割机追尾事故的直接原因。

案例 30

事故经过:2011 年 7 月 8 日 20 时许,陕西省兴平市农机驾驶人魏某,驾驶陕 04/XXXXX 号联合收割机在甘肃省跨区作业进行道路转移时,行驶至甘肃省平凉市收费站西 312 国道处时,由于未与前方车辆保持足够的安全距离,当前方车辆急刹车时导致收割机与其追尾,造成收割机割台部分严重损坏的农机道路交通事故。

事故原因:驾驶人魏某违反《中华人民共和国道路交通安全法》第四十二条“机动车上道路行驶,不得超过限速标志标明的最高时速。在没有限速标志的路段,应当保持安全车速”的规定和第四十三条“同车道行驶的机动车,后车应当与前车保持足以采取紧急制动的安全距离”的规定以及《陕西省农业机械安全操作规程》第十七条“在道路上行驶、会车、让车、超车、倒车及经过渡口、铁路道口时应遵守有关规定”的规定,转移行驶时未与前方车辆保持足够的安全距离,忽视安全、麻痹大意、操作失误是造成本次事故的唯一原因。

案例 31

事故经过:2011 年 5 月 31 日 15 时许,陕西省永寿县农机驾驶人张某,驾驶陕 04/XXXXX 号联合收割机转移地块过程中,行至咸阳市乾县新村一组乡村道路时,由于驾驶人操作失误,导致收割机挂到电杆拉线,造成电杆断裂砸到收割机上,收割机损坏的农机事故。

事故原因:张某违反《陕西省农业机械安全操作规程》第十三条"进入田间作业前,应踏查作业田块,清除石块、木桩等障碍物,并在崖边、墓地、陷坑、井、渠等处设立标志"的规定,在进入田间作业前,未事先查看作业田块周围环境,在树桩、电杆等障碍物处设立安全警示标志,收割过程中对田间障碍物观察不够、麻痹大意、操作失误是造成本次事故的根本原因。

案例 32

事故经过:2012 年 7 月 4 日 19 时许,陕西省宝鸡市陈仓区农机驾驶人张某驾驶陕 03/XXXXX 号联合收割机转移时,行驶在 G318 国道甘肃省平凉市崆峒区草峰镇段时,由于驾驶人操作失误,与迎面驶来的货车相撞,致使收割机向右翻于公路右侧猪圈内,造成驾驶人及乘员重伤、收割机严重损坏的农机道路交通事故。

事故原因:张某违反《中华人民共和国道路交通安全法》第三十八条"车辆、行人应当按照交通信号通行;遇有交通警察现场指挥时,应当按照交通警察的指挥通行;在没有交通信号的道路上,应当在确保安全、畅通的原则下通行"的规定,安全意识不强,操作失误是造成本次事故的重要原因。该货车未安全避让也是造成本次事故的重要因素。

案例 33

事故经过:2012 年 5 月 27 日 15 时许,陕西省西安市临潼区农机驾驶人王某,驾驶陕 01/XXXXX 号联合收割机在河南省邓州市什林镇草场村作业转移过程中,操作失误,致使收割机与同向行驶的摩托车发生追尾事故,造成摩托车驾驶人重伤的农机事故。

事故原因：王某违反《中华人民共和国道路交通安全法》第四十二条“机动车上道路行驶，不得超过限速标志标明的最高时速。在没有限速标志的路段，应当保持安全车速。”的规定和第四十三条“同车道行驶的机动车，后车应当与前车保持足以采取紧急制动的安全距离”的规定，在驾驶、操作联合收割机作业完毕和田间狭窄通村道路转移过程中，忽视安全，操作失误是造成本次事故的唯一原因。

案例 34

事故经过：2012 年 7 月 5 日 10 时许，陕西省渭南市临渭区农机驾驶人卜某驾驶陕 05/XXXXX 号联合收割机，在甘肃省镇原县平泉镇黄岔口村跨区作业转移过程中，在通过十字路口由北向东左转弯时，操作失误，与主线由西向东行驶的福田谷神联合收割机发生碰撞，造成两台联合收割机严重损坏，驾驶人受伤的农机道路交通事故。

事故原因：卜某违反《中华人民共和国道路交通安全法》第四十二条“机动车上道路行驶，不得超过限速标志标明的最高时速。在没有限速标志的路段，应当保持安全车速”的规定和《中华人民共和国道路交通安全法实施条例》第五十二条“机动车通过没有交通信号灯控制也没有交通警察指挥的交叉路口，转弯的机动车让直行的车辆先行”的规定，行驶中不注意观察周围情况，麻痹大意、转弯时操作失误是造成本次事故的直接原因。

案例 35

事故经过：2012 年 7 月 5 日 11 时许，陕西省兴平市农机驾驶人王某，驾驶陕 04/XXXXX 号联合收割机在甘肃省崇信县西曹沟桥作业转移左转弯过程中，由于王某麻痹大意、操作失误，致使收割机与主干道直行的大货车发生碰撞，造成两车多处损坏、货车驾驶人受伤的农机道路交通事故。

事故原因：王某安全意识差，违反《中华人民共和国道路交通安全法》第四十二条“机动车上道路行驶，不得超过限速标志标明的最高时速。在没有限速标志的路段，应当保持安全车速”的规定

和《中华人民共和国道路交通安全法实施条例》第五十二条"机动车通过没有交通信号灯控制也没有交通警察指挥的交叉路口，转弯的机动车让直行的车辆先行"的规定，在驾驶操作联合收割机转移地块转弯时，对道路来车观察不够，操作失误是造成本次事故的直接原因。

案例 36

事故经过：2011 年 6 月 24 日 9 时许，陕西省渭南市临渭区农机驾驶人曹某，驾驶陕 05/XXXXX 号联合收割机，在咸阳市永寿县常宁乡新华村田间收麦时，由于驾驶人在地头倒车时，操作失误，致使收割机将在其后面拾麦的麦主碾压，造成其当场死亡的农机事故。

事故原因：曹某安全观念淡薄，违反《陕西省农业机械安全操作规程》第十七条"倒车时应当先发出信号，确认无障碍后，缓慢倒退，并随时作好刹车准备。复杂地段倒车应有专人指挥"的规定，驾驶、操作联合收割机作业前，未将闲杂人员清理出作业现场。在地头倒车时不注意观察周围及车后情况，盲目倒车，操作失误是造成本次事故的重要原因。麦主无安全生产意识，违反《陕西省农业机械安全操作规程》第四条"禁止非作业人员进入农机作业现场"的规定，自我保护意识差，私自进入农机作业现场，靠近正在作业的联合收割机，麻痹大意是造成本次事故的另一原因。

案例 37

事故经过：2012 年 7 月 3 日 22 时许，陕西省乾县农机驾驶人殷某，驾驶陕 04/XXXXX 号联合收割机，在甘肃省崇信县黄寨乡北沟村给本村王某家进行小麦收获作业，当收割到地头调头倒车时，操作失误，将在联合收割机后面的王某撞倒，收割机左导向轮从其腹部压过，致其重伤，经抢救无效死亡。

事故原因：殷某违反《陕西省农业机械安全操作规程》第十七条"倒车时应当先发出信号，确认无障碍后，缓慢倒退，并随时作好刹车准备。复杂地段倒车应有专人指挥"的规定，驾驶操作联合收割机作业前，未将闲杂人员清理出作业现场。在地头作业倒车时，未事先发出信号，观察周围及机后情况，盲目倒车、操作失误是造成本次事故的重要原因。村民王某违反《陕西省农业机械安全操作规程》第四条“禁止非作业人员进入农机作业现场”的规定，安全观念淡薄，自我保护能力差，麻痹大意是造成本次事故的另一原因。

案例 38

事故经过：2012 年 6 月 2 日 15 时许，陕西省渭南市临渭区农机驾驶人贾某，驾驶陕 05/XXXXX 号联合收割机，在河南省邓州市白牛乡白西村张某地里进行收割作业倒车时，由于小麦收割作业粉尘较大，致使收割机右导向轮将在地里拾麦的本村村民张某撞倒，导向轮从其腹部压过，造成张某重伤的农机事故。

事故原因：贾某违反《陕西省农业机械安全操作规程》第十七条“倒车时应当先发出信号，确认无障碍后，缓慢倒退，并随时作好刹车准备。复杂地段倒车应有专人指挥”的规定，驾驶、操作联合收割机作业前，未将闲杂人员清理出作业现场。作业时气候干燥，小麦收割作业粉尘较大，视线不清，贾某在地头倒车时，未仔细观察周围及机后情况，盲目倒车、操作失误是造成本次事故的重要原因。张某违反《陕西省农业机械安全操作规程》第四条第三款“禁止非作业人员进入农机作业现场”的规定，无视安全，自我保护意识不强，私自进入农机作业现场，靠近正在作业的联合收割机，麻痹大意是造成本次事故的另一原因。

案例 39

事故经过：2012 年 7 月 7 日 15 时许，陕西省陇县农机驾驶人王某，驾驶陕 03/XXXXX 号联合收割机，在甘肃省张家川回族自治县龙山镇收割作业检修时，留长发的王某之妻顾某在机下调整割台，由于驾驶人王某操作失误，调整收割机时未停机，致使顾某头发被卷入割台动力传动轴上，造成顾某 70%头皮严重撕裂的农机事故。

事故原因：王某违反《陕西省农业机械安全操作规程》第十二条“农业机械检修、保养、排除故障、清除缠草、泥土杂物等，应在停

机状态下进行”的规定，安全生产意识差，缺少农业机械检修、保养、排除故障、清除缠草、泥土杂物等，应在停机状态下进行的基本农机安全生产常识，检修调整联合收割机时未停机是造成本次事故的重要原因。顾某违反《陕西省农业机械安全操作规程》第四条“农机作业人员工作时应系好纽扣、扎紧衣袖。不得穿戴有碍安全操作的服饰。妇女应戴工作帽，发辫不得外露”的规定，无视安全，自我保护意识不强，作为辅助农机作业人员工作时，留长发且未戴工作帽，长发外露，在机械运转的情况下进行割台调整是造成事故的另一重要原因。

案例 40

事故经过：2011 年 6 月 19 日 10 时许，陕西省凤翔县农机驾驶人程某，驾驶陕 03/XXXXX 号联合收割机，在本村田间收获小麦时，由于收割机割台右侧夹带着许多麦秆，程某安全意识淡薄，操作失误，在没有切断动力的情况下，用手去掏堵塞的小麦秸秆时，造成程某手指被割刀切断的农机事故。

事故原因：程某违反《陕西省农业机械安全操作规程》第十二条“农业机械检修、保养、排除故障、清除缠草、泥土杂物等，应在停机状态下进行”和第二十六条“作业中因堵塞或其他原因影响工作时，应断开行走离合器、工作离合器、卸粮离合器，必要时立即停止发动机工作，排除故障”的规定，在没有切断收割机动力的情况下，用手清除割台堵塞物是造成本次农机伤人事故的直接原因。

案例 41

事故经过：2012 年 10 月 2 日 12 时许，陕西省咸阳市渭城区农机驾驶人王某，驾驶陕 04/XXXXX 号联合收割机在本区底张镇上寨村收获玉米时，在未切断动力的情况下，违规下机调整传动链条，造成其右手食指末节被链条夹断的农机伤人事故。

事故原因：王某安全意识差，违反《陕西省农业机械安全操作规程》第十二条“农业机械检修、保养、排除故障、清除缠草、泥土杂物等，应在停机状态下进行”和第二十六条“作业中因堵塞或其他原因影响工作时，应断开行走离合器、工作离合器、卸粮离合器，必

要时立即停止发动机工作，排除故障”的规定，在未切断联合收割机动力的情况下，违规对机械进行调整是造成伤人事故的唯一原因。

案例 42

事故经过：2012 年 7 月 25 日 15 时许，陕西省西安市户县农机驾驶人张某，驾驶陕 01/XXXXX 号联合收割机在内蒙古自治区临河区联合乡进行收割小麦作业时，安全意识差，在未切断动力的情况下，其妻王某在割台处清除堵塞时，造成其右手食指被割刀切断的农机事故。

事故原因：张某违反《陕西省农业机械安全操作规程》第十二条“农业机械检修、保养、排除故障、清除缠草、泥土杂物等，应在停机状态下进行”和第二十六条“作业中因堵塞或其他原因影响工作时，应断开行走离合器、工作离合器、卸粮离合器，必要时立即停止发动机工作，排除故障”的规定，欠缺农机安全生产常识是造成本次农机伤人事故的重要原因。其妻忽视安全，自我保护意识差，在机械运转的情况下用手清除割台堵塞是造成本次事故的又一重要原因。

案例 43

事故经过：2012 年 6 月 2 日 7 时许，陕西省大荔县农机驾驶人石某，驾驶陕 05/XXXXX 号联合收割机，在河南省邓州市桑庄镇田营村进行小麦收获作业，返回麦主田某家门前卸粮时，当地村民杨某将右手扶在传动皮带上，驾驶人石某安全意识不强、麻痹大意，在未对周围情况仔细观察的情况下，突然启动收割机准备前去收麦，造成杨某右手大拇指被皮带轮夹断、中指骨折的农机事故。

事故原因：石某违反《陕西省农业机械安全操作规程》第十三条“移动式作业机组作业时应遵守下列安全规定：（一）起步时应发出信号，确认无作业障碍后，方可解除制动，平稳启动”的规定和第二十六条第五款“在发动机启动，结合工作离合器、行走离合器前，应发出信号，确认妨碍安全操作时，方可进行操作”的规定，启动联合收割机时未发出信号，观察周围情况，违章操作是造成本次事故

的重要原因。村民杨某违反《陕西省农业机械安全操作规程》第四条第三款“禁止非操作人员进入农机作业现场”的规定，忽视安全是造成本次事故的又一重要原因。

案例 44

事故经过：2011 年 6 月 4 日 17 时许，陕西省凤翔县农机驾驶人高某，驾驶陕 03/XXXXX 号联合收割机，在凤翔县长青镇灵化村田间收麦时，由于掉头倒车时麻痹大意，不注意观察周围情况，操作失误，导致收割机向右侧倾翻于 2 米深的塄下，造成收割机多处损坏的农机事故。

事故原因：高某农机安全生产观念淡薄，违反《陕西省农业机械安全操作规程》第十三条“进入田间作业前，应踏查作业田块，清除石块、木桩等障碍物，并在崖边、墓地、陷坑、井、渠等处设立标志”的规定，驾驶、操作联合收割机田间收获小麦时，未对作业田块周围环境进行查看，在沟边、崖边等危险地段设立安全警示标志，在地头掉头倒车时，不注意观察周围情况，忽视安全、操作失误是造成本次倾翻事故的唯一原因。

案例 45

事故经过：2011 年 6 月 15 日 10 时许，陕西省西安市临潼区农机驾驶人傅某，驾驶陕 01/XXXXX 号联合收割机在本村农田进行收麦作业时，由于倒车时麻痹大意、不注意观察周围情况，致使联合收割机向左侧翻于路边芦苇池中，造成收割机多处损害的农机事故。

事故原因：傅某违反《陕西省农业机械安全操作规程》第十三条“进入田间作业前，应踏查作业田块，清除石块、木桩等障碍物，并在崖边、墓地、陷坑、井、渠等处设立标志”的规定，驾驶、操作联合收割机进入田间作业前，未对作业田块周围情况及道路进行查看，作业中不注意观察周围及机后情况，欠缺基本农机安全操作常识和操作失误是造成本次倾翻事故的直接原因。

案例 46

事故经过：2010 年 6 月 6 日 14 时许，陕西省铜川市耀州区农

机驾驶人崔某，驾驶陕02/XXXXX号联合收割机，在渭南市富平县侯山村收割小麦时，由于不熟悉地形地貌，盲目作业，致使收割机向右侧翻于高低落差约0.8米的塄下，造成联合收割机多处损坏的农机事故。

事故原因：崔某安全意识不强，违反《陕西省农业机械安全操作规程》第十三条“进入田间作业前，应踏查作业田块，清除石块、木桩等障碍物，并在崖边、墓地、陷坑、井、渠等处设立标志”的规定，驾驶、操作联合收割机进入田间作业前，未对作业田块地形及周围环境进行查勘，没有在墓地、陷坑、塄坎等危险地段设立安全提示标志，不熟悉作业田块地形地貌，忽视安全、盲目作业，操作失误是造成本次倾翻事故的根本原因。

案例47

事故经过：2010年6月18日7时许，陕西省宝鸡市千阳县农机驾驶人冯某，驾驶陕03/XXXX号(临时牌照)联合收割机，在本乡西沟村收割小麦时，当收割机行驶到地头塄边时，由于操作失误，致使塄边垮塌，致使收割机向左倾翻于1.3米高的塄下，造成收割机多处损坏的农机事故。

事故原因：冯某农机田间作业经验不足，违反《陕西省农业机械安全操作规程》第十三条“进入田间作业前，应踏查作业田块，清除石块、木桩等障碍物，并在崖边、墓地、陷坑、井、渠等处设立标志”的规定，驾驶联合收割机进入田间作业前，未对作业田块及周围环境进行查勘，并在崖边、塄边、墓地、陷坑、井、渠等危险地段设立安全提示标志，作业中麻痹大意，对机后及周围情况观察不够、盲目作业、操作失误是造成本次倾翻事故的直接原因。

案例48

事故经过：2010年6月18日14时许，陕西省兴平市农机驾驶人李某，驾驶陕04/XXXXX号联合收割机，在乾县杨峪村收割小麦，当收割到地头沟边时，操作失误，致使联合收割机倾翻入1.5米深的沟下苹果园中，造成收割机严重损坏的农机事故。

事故原因：李某农机安全生产意识不强，违反《陕西省农业机

械安全操作规程》第十三条“进入田间作业前，应踏查作业田块，清除石块、木桩等障碍物，并在崖边、墓地、陷坑、井、渠等处设立标志”的规定，驾驶联合收割机进入田间作业前，未对作业田块及周围环境进行查勘，并在崖边、塄边、陷坑、井、渠等危险地段设立安全提示标志，对机后及周围情况观察不够，盲目作业，操作失误是造成本次倾翻事故的直接原因。

案例 49

事故经过：2009 年 6 月 4 日 14 时许，陕西省户县农机驾驶人刘某，驾驶陕 01/XXXXX 号联合收割机，在本村收割小麦作业完毕转移过程中，在田间狭窄小路行驶时，由于操作失误，致使收割机翻入路右边的麦地里，造成收割机多处损坏的农机事故。

事故原因：刘某农机安全生产意识不强，农田作业经验不足，违反《陕西省农业机械安全操作规程》第十三条“转移作业场地时，机组应调整为运输状态。通过街道、村镇等复杂路段时，应减速缓行，必要时应当有专人护送”的规定，驾驶联合收割机进入田间作业前，未对作业田块及周围道路情况进行查勘，在通过坑洼不平的田间狭窄土路时，没有减速缓行，麻痹大意、盲目作业，操作失误是造成本次倾翻事故的直接原因。

案例 50

事故经过：2010 年 6 月 3 日 19 时许，陕西省三原县农机驾驶人李某，驾驶陕 04/XXXXX 号联合收割机，在三原县徐木乡桃沟村收割小麦作业完毕转移地块过程中，因驾驶人事先未对农田土路进行认真查勘，盲目通行，在狭窄陡坡土路行驶时，操作失误，导致收割机倾翻于路边，造成收割机多处严重损坏的农机事故。

事故原因：李某缺少基本农机安全驾驶操作常识，违反《陕西省农业机械安全操作规程》第十三条“转移作业场地时，机组应调整为运输状态。通过街道、村镇等复杂路段时，应减速缓行，必要时应当有专人护送”的规定，作业前未对作业田块地形及田间土路进行认真查勘，在通过狭窄有陡坡的田间土路时，未减速缓行，盲目通行、忽视安全，操作失误是造成本次事故的根本原因。

案例 51

事故经过:2010 年 6 月 17 日 18 时许,陕西省凤翔县农机驾驶人何某,驾驶陕 03/XXXXX 号联合收割机在本村农田收割完小麦,由东向西转移地块过程中,因驾驶人未对通行道路进行查勘,当行驶到狭窄不平的田间道路时,操作失误,致使收割机向右翻入一米多深的塄下地里,造成收割机多处损坏的农机事故。

事故原因:何某农机安全生产意识差,违反《陕西省农业机械安全操作规程》第十三条"转移作业场地时,机组应调整为运输状态。通过街道、村镇等复杂路段时,应减速缓行,必要时应当有专人护送"的规定,在驾驶、操作联合收割机作业时,事先未对作业田块地形及通行道路进行查勘,当行驶到坑洼不平的狭窄土路时,没有减速缓行,而是盲目冒险通行,操作失误是造成本次事故的直接原因。

案例 52

事故经过:2011 年 7 月 9 日 13 时许,陕西省宝鸡市金台区农机驾驶人谭某,驾驶陕 03/XXXXX 号联合收割机,在甘肃省华亭县王峡口村田间作业完毕返回途中,由于山区路况极差,驾驶人操作失误,导致联合收割机坠入 2 米深的沟下,造成联合收割机多处损坏的农机事故。

事故原因:谭某违反《陕西省农业机械安全操作规程》第十三条"转移作业场地时,机组应调整为运输状态。通过街道、村镇等复杂路段时,应减速缓行,必要时应当有专人护送" 的规定,驾驶联合收割机进入田间作业前,未对作业田块及周围道路情况进行查勘,在通过坑洼不平的狭窄山路时,没有减速缓行,而是麻痹大意、盲目作业、操作失误是造成本次倾翻事故的直接原因。

案例 53

事故经过:2010 年 6 月 25 日 9 时许,陕西省户县农机驾驶人赵某,驾驶陕 01/XXXXX 号联合收割机,在咸阳市彬县新民镇屯庄村收割小麦转移地块途中,因田间机耕道路狭窄,路沿虚软,驾驶人操作失误,致使收割机滑入路基下,侧翻于麦地中,造成收割机多处损坏的农机事故。

事故原因：赵某安全意识不强，违反《陕西省农业机械安全操作规程》第十三条“转移作业场地时，机组应调整为运输状态。通过街道、村镇等复杂路段时，应减速缓行，必要时应当有专人护送”的规定，作业完毕转移地块途中，在狭窄复杂的田间土路行驶时，没有缓慢行驶，而是麻痹大意、忽视安全，操作失误是造成本次事故的直接原因。

案例 54

事故经过：2011 年 6 月 8 日 8 时许，陕西省富平县农机驾驶人田某，驾驶陕 05/XXXXX 号联合收割机，在本村收获小麦完毕转移地块时，由于未对行驶路段进行查勘，驾驶人操作失误，致使收割机向右侧翻于路边水渠中，造成收割机多处损坏的农机事故。

事故原因：田某农机安全生产经验不足，违反《陕西省农业机械安全操作规程》第十三条“转移作业场地时，机组应调整为运输状态。通过街道、村镇等复杂路段时，应减速缓行，必要时应当有专人护送”的规定，因行驶前事先未对狭窄、坑洼不平的田间土路进行查勘，而是冒险行驶，操作失误是造成本次事故的重要原因。

案例 55

事故经过：2011 年 6 月 15 日 1 时许，陕西省高陵县农机驾驶人齐某，驾驶同村李某的陕 01/XXXXX 号联合收割机，在本村作业完后返回途中，由于驾驶人操作失误，收割机压塌地边土塄，向左侧倾翻于路边地里，造成收割机多处损坏的农机事故。

事故原因：齐某欠缺农机安全生产基本常识，违反《陕西省农业机械安全操作规程》第十三条“转移作业场地时，机组应调整为运输状态。通过街道、村镇等复杂路段时，应减速缓行，必要时应当有专人护送”的规定，在驾驶、操作联合收割机行驶时，事先未对行驶的狭窄土路进行查勘，而是冒险通过，操作失误是造成本次事故的直接原因。

案例 56

事故经过：2010 年 6 月 21 日 6 时 50 分，陕西省礼泉县农机驾驶人左某，驾驶陕 04/XXXXX 号联合收割机，在本村收完小麦返回时，行驶到村南田间土路上时，因道路狭窄，坑洼不平，驾驶人操作失误，致使收割机翻入路北约1米深沟下的苹果园里，造成收割机多处损坏的农机事故。

事故原因：左某农机安全生产意识薄弱，违反《陕西省农业机械安全操作规程》第十三条“转移作业场地时，机组应调整为运输状态。通过街道、村镇等复杂路段时，应减速缓行，必要时应当有专人护送”的规定，在驾驶、操作联合收割机作业过程中，作业前事先未对作业田块地形及通行道路进行查勘，当行驶到坑洼不平的狭窄土路上时，没有减速缓行，再安全通过，忽视安全、操作失误是造成本次事故的重要原因。

案例57

事故经过：2011年6月16日9时许，陕西省泾阳县农机驾驶人韩某，驾驶陕04/XXXXX号联合收割机，在咸阳市渭城区北斗乡长仁村农田收麦作业完毕返回时，由于路面较窄、坑洼不平，驾驶人冒险行驶，操作失误，导致收割机向左侧翻于路边麦地中，造成联合收割机多处严重损坏的农机事故。

事故原因：韩某农机安全意识淡薄，违反《陕西省农业机械安全操作规程》第十三条“转移作业场地时，机组应调整为运输状态。通过街道、村镇等复杂路段时，应减速缓行，必要时应当有专人护送”的规定，在驾驶、操作联合收割机作业完毕返回时，事先未对作业田块地形及通行道路进行查勘，当行驶到坑洼不平的田间狭窄土路时，没有减速缓行，再安全通过，而是忽视安全，盲目冒险通行，操作失误是造成本次事故的直接原因。

案例58

事故经过：2011年6月3日12时许，陕西省华县农机驾驶人吕某，驾驶陕05/XXXXX号联合收割机在华阴市五方镇田间小路转移地块途中，由于路面较窄、通行时没有人护行、驾驶人冒险行驶，操作失误，导致收割机向左侧倾翻，造成联合收割机严重损坏的农机事故。

事故原因：吕某欠缺农机安全生产经验，违反《陕西省农业机

械安全操作规程》第十三条“转移作业场地时，机组应调整为运输状态。通过街道、村镇等复杂路段时，应减速缓行，必要时应当有专人护送”的规定，作业完毕在田间狭窄土路转移地块时，没有对通行路段事先查勘，缓慢安全通过，而是冒险行驶、麻痹大意，操作失误是造成本次事故的唯一原因。

案例 59

事故经过：2011 年 5 月 27 日 10 时许，陕西省千阳县农机驾驶人王某，驾驶陕 03/XXXXX 号联合收割机，在河南省邓州县龙堰镇史坡村田间小路转移时，由于土路狭窄，坑洼不平，驾驶人王某操作失误，致使联合收割机向左侧翻于路边麦地中，造成收割机多处损坏的农机事故。

事故原因：王某农机安全意识差，违反《陕西省农业机械安全操作规程》第十三条“转移作业场地时，机组应调整为运输状态。通过街道、村镇等复杂路段时，应减速缓行，必要时应当有专人护送”的规定，在驾驶、操作联合收割机转移，通过坑洼不平的狭窄土路时，没有减速缓行再安全通过，操作失误是造成本次事故的根本原因。

案例 60

事故经过：2012 年 7 月 16 日 10 时许，陕西省渭南市临渭区农机驾驶人郭某，驾驶陕 05/XXXXX 号联合收割机，在甘肃省兰州市永登县柳树乡复兴九社转移，在田间小路由北向南行驶途中，由于路面狭窄，坑洼不平，郭某未对道路进行查勘，操作失误，致使收割机将左侧路沿压塌，向左侧翻于 1 米深的塄下，造成收割机多处损坏的农机事故。

事故原因：郭某农机安全生产意识不强，违反《陕西省农业机械安全操作规程》第十三条“转移作业场地时，机组应调整为运输状态。通过街道、村镇等复杂路段时，应减速缓行，必要时应当有专人护送”的规定，在驾驶、操作联合收割机作业转移过程中，事先未对作业田块地形及通行道路进行查勘，当行驶到坑洼不平的田间狭窄土路时，没有减速缓行再安全通过，而是忽视安全、盲目冒

险通行，操作失误是造成本次事故的直接原因。

案例 61

事故经过：2012 年 6 月 15 日 13 时许，陕西省凤翔县农机驾驶人张某，驾驶陕 03/XXXXX 号联合收割机，在本村收获小麦作业完毕，在田间小路转移地块上坡过程中，由于驾驶人操作失误，换挡不进，致使收割机向后滑行后向左侧翻，造成收割机多处损坏的农机事故。

事故原因：张某农机安全生产意识差，违反《陕西省农业机械安全操作规程》第十三条“转移作业场地时，机组应调整为运输状态。通过街道、村镇等复杂路段时，应减速缓行，必要时应当有专人护送”的规定和第十六条“换挡操作应灵活，互锁、联锁、锁定机构性能可靠。换挡时应逐级换挡，不得在坡道和通过铁路道口时换挡”的规定，在驾驶、操作联合收割机转移过程中，事先未对通行道路进行查勘，当行驶到狭窄土路上坡时，没有提前减速缓行，而是上坡途中换挡不进，致使收割机向后倒溜侧翻是造成本次事故的直接原因。

案例 62

事故经过：2011 年 8 月 24 日 16 时 30 分，陕西省澄城县农机驾驶人张某，驾驶陕 05/XXXXX 号联合收割机，在青海省西宁市大通县长宁镇长宁村农田收割小麦转移地块途中，由于路基较软，驾驶人操作失误，致使联合收割机压塌路肩向左侧翻，驾驶人张某慌忙中跳车，被压于联合收割机下造成重伤、收割机多处损坏的农机事故。

事故原因：张某农机安全生产经验不足，违反《陕西省农业机械安全操作规程》第十三条“转移作业场地时，机组应调整为运输状态。通过街道、村镇等复杂路段时，应减速缓行，必要时应当有专人护送”的规定，在驾驶、操作联合收割机作业转移过程中，事先未对作业田块地形及通行路段进行查勘，当行驶到坑洼不平的田间狭窄土路时，没有减速缓行再安全通过，而是盲目通行，操作失误是造成本次事故的直接原因。

案例 63

事故经过:2012 年 7 月 28 日 12 时许,陕西省渭南市临渭区农机驾驶人常某,驾驶陕 05/XXXXX 号联合收割机,在甘肃省武威市古浪县暖泉村进行收获作业转移地块时,由于对狭窄土路观察不细,操作失误,致使收割机将地头塄边压塌,向右侧翻,造成联合收割机多处损坏的农机事故。

事故原因:常某欠缺农机安全生产常识,违反《陕西省农业机械安全操作规程》第十三条"转移作业场地时,机组应调整为运输状态。通过街道、村镇等复杂路段时,应减速缓行,必要时应当有专人护送"的规定,在驾驶、操作联合收割机作业完毕转移地块过程中,事先未对作业通行道路进行查勘,当行驶到坑洼不平的田间狭窄土路时,没有谨慎驾驶再安全通过,而是忽视安全、麻痹大意,操作失误是造成本次事故的直接原因。

案例 64

事故经过:2012 年 8 月 4 日 13 时许,陕西省渭南市临渭区农机驾驶人郭某,驾驶陕 05/XXXXX 号联合收割机,在甘肃省武威市凉州区张义镇刘家庄村进行小麦收获作业转移地块上坡时,由于田间土路狭窄,坑洼不平,驾驶人操作不当,致使收割机向右侧翻,造成收割机多处损坏的农机事故。

事故原因:郭某农机安全意识淡薄,违反《陕西省农业机械安全操作规程》第十三条"转移作业场地时,机组应调整为运输状态。通过街道、村镇等复杂路段时,应减速缓行,必要时应当有专人护送"的规定和第十七条"上坡时应预先选好挡位,保障机车有足够的爬坡动力"的规定,在驾驶、操作联合收割机转移过程中,事先未对作业田块地形及通行道路进行查勘,当行驶到坑洼不平的田间狭窄土路上坡时,没有预先选好挡位,保障机车有足够的爬坡动力,而是忽视安全、麻痹大意,操作失误是造成本次事故的直接原因。

案例 65

事故经过:2012 年 6 月 11 日 9 时许,陕西省麟游县农机驾驶人赵某,驾驶陕 03/XXXXX 号联合收割机,在扶风县法门镇黄堆村农田收割小麦转移地块途中，因路面狭窄、驾驶人操作不当，致使收割机向左侧翻，造成收割机严重损坏的农机事故。

事故原因：赵某欠缺农机安全生产常识，违反《陕西省农业机械安全操作规程》第十三条“转移作业场地时，机组应调整为运输状态。通过街道、村镇等复杂路段时，应减速缓行，必要时应当有专人护送”的规定，驾驶、操作联合收割机在田间狭窄土路转移时，事先未对通行路段进行查看，没有减速缓行，而是盲目通行、麻痹大意，操作失误是造成本次事故的重要原因。

案例 66

事故经过：2012 年 5 月 31 日 14 时许，陕西省华县农机驾驶人王某，驾驶陕 05/XXXXX 号联合收割机，在河南省镇平县高丘镇陈营村进行小麦收割作业，收割至地头调头时，由于王某对作业周围环境观察不细致，调头时操作失误，致使收割机侧翻于 2 米深的沟下，造成收割机多处严重损坏的农机事故。

事故原因：王某农机安全生产意识差，违反《陕西省农业机械安全操作规程》第十三条“进入田间作业前，应踏查作业田块，清除石块、木桩等障碍物，并在崖边、墓地、陷坑、井、渠等处设立标志”的规定，在驾驶、操作联合收割机作业过程中，作业前事先未对作业田块地形进行查勘，没有在崖边、沟边、墓地、陷坑、井、渠等危险地段设立安全提示标志，而是盲目冒险作业，在地头调头时，对机车周围环境及车后情况观察不周，操作失误是造成本次事故的直接原因。

案例 67

事故经过：2012 年 5 月 28 日 13 时许，陕西省渭南市临渭区农机驾驶人雷某，驾驶陕 05/XXXXX 号联合收割机，在湖北省钟祥市柴湖镇苏榨村进行小麦收割作业时，由于不熟悉当地汉江边沙质土壤软滑的作业环境，当作业至缓坡地段时，操作失误，致使收割机侧滑后向左侧翻，造成收割机多处损坏的农机事故。

事故原因：雷某欠缺农机安全生产常识，违反《陕西省农业机械安全操作规程》第十三条“进入田间作业前，应踏查作业田块，清

除石块、木桩等障碍物,并在崖边、墓地、陷坑、井、渠等处设立标志”的规定,驾驶、操作联合收割机作业过程中,作业前事先未对作业田块地形进行查勘,不熟悉当地汉江边沙质土壤松软易滑塌的作业环境,当作业到地头缓坡地段时,忽视安全,操作失误是造成本次事故的直接原因。

案例 68

事故经过:2012 年 7 月 21 日 18 时许,陕西省渭南市临渭区农机驾驶人陈某,驾驶陕 05/XXXXX 号联合收割机,在内蒙古自治区临河区陕坝县蛮会镇民生村进行收获作业转移地块途中,由于田间路窄,雨后路基松软,驾驶人冒险通行,操作失误,导致收割机向右侧翻,造成收割机多处损坏的农机事故。

事故原因:陈某农机安全生产观念薄弱,违反《陕西省农业机械安全操作规程》第十三条“转移作业场地时,机组应调整为运输状态。通过街道、村镇等复杂路段时,应减速缓行,必要时应当有专人护送”的规定,在驾驶、操作联合收割机转移过程中,事先未对作业通行道路进行查勘,当行驶到雨后路基松软,坑洼不平的田间狭窄土路时,陈某没有减速缓行,而是盲目冒险通行、麻痹大意,操作失误是造成本次事故的直接原因。

案例 69

事故经过:2012 年 8 月 2 日 8 时许,陕西省渭南市临渭区农机驾驶人冯某,驾驶陕 05/XXXXXX 号联合收割机,在甘肃省永登县中川镇陈家井村进行收获作业转移地块途中,因雨后田间小路路基松软,联合收割机行驶速度较高,驾驶人操作失误,致使收割机向右侧翻于路边塄下,造成收割机多处损坏的农机事故。

事故原因:冯某农机安全生产意识不强,违反《陕西省农业机械安全操作规程》第十三条“转移作业场地时,机组应调整为运输状态。通过街道、村镇等复杂路段时,应减速缓行,必要时应当有专人护送”的规定,在驾驶、操作联合收割机转移时,事先未对作业通行道路进行查勘,当行驶到雨后路基松软,坑洼不平的田间狭窄土路时,没有减速缓行,而是盲目冒险高速行驶,压塌路沿,操作失误是造成本次事故的直接原因。

案例 70

事故经过:2012 年 8 月 6 日 10 时许,陕西省渭南市临渭区农机驾驶人赵某,驾驶陕 05/XXXXX 号联合收割机,在甘肃省永登县大同镇马家坪村田间收获小麦作业完毕转移地块途中,因田间土路狭窄,驾驶人操作失误,致使收割机压塌路边路肩,向右侧翻于 4 米深的塄下,造成乘员受伤、收割机多处损坏的农机事故。

事故原因:赵某欠缺农机安全生产常识,违反《陕西省农业机械安全操作规程》第十三条"转移作业场地时,机组应调整为运输状态。通过街道、村镇等复杂路段时,应减速缓行,必要时应当有专人护送"的规定,在驾驶、操作联合收割机转移地块过程中,事先未对作业田块地形及通行道路进行查勘,当行驶到路基松软,坑洼不平的田间狭窄土路时,没有减速缓行,而是盲目冒险行驶,压塌路肩,操作失误是造成本次事故的直接原因。

案例 71

事故经过:2013 年 5 月 25 日 11 时左右,陕西省蒲城县农机驾驶人骆某,驾驶陕 05/XXXXX 号联合收割机,在河南省内乡县瓦亭镇袁沟村转移过程中,因下雨路滑,操作失误,导致收割机右翻。

事故原因:骆某农机安全生产意识不强,违反《陕西省农业机械安全操作规程》第十三条"转移作业场地时,机组应调整为运输状态。通过街道、村镇等复杂路段时,应减速缓行,必要时应当有专人护送"的规定,在驾驶、操作联合收割机跨区作业转移过程中,事先未对作业田块地形及通行道路进行查勘,当行驶到雨后路基松软、坑洼不平的田间狭窄土路时,没有减速缓行,而是盲目冒险行驶,操作失误是造成本次事故的直接原因。

案例 72

事故经过:2013 年 4 月 23 日 18 时左右,陕西省宝鸡市陈仓区农机驾驶人马某驾驶陕 03/XXXXX 号联合收割机在四川省德阳市高平镇京九村转移作业地块时,操作不慎,收割机坠入路旁河中多处损坏。

事故原因：马某农机安全生产意识较弱，违反《陕西省农业机械安全操作规程》第十三条“转移作业场地时，机组应调整为运输状态。通过街道、村镇等复杂路段时，应减速缓行，必要时应当有专人护送”的规定，在驾驶、操作联合收割机转移时，未对通行道路进行查勘，当行驶到坑洼不平的田间狭窄土路时，没有减速缓行，而是盲目冒险行驶，操作失误是造成本次事故的重要原因。

案例 73

事故经过：2013 年 5 月 20 日 8 时左右，陕西省高陵县农机驾驶人赵某，驾驶陕 01/XXXXX 号联合收割机在河南省内乡县师岗镇三峰村收割小麦完毕转移过程中，操作失误，导致收割机翻入路旁 2 米左右的沟内，撞到一农户民房，造成收割机、民房损坏。

事故原因：赵某农机安全生产意识不强，违反《陕西省农业机械安全操作规程》第十三条“转移作业场地时，机组应调整为运输状态。通过街道、村镇等复杂路段时，应减速缓行，必要时应当有专人护送”的规定，在驾驶、操作联合收割机作业转移过程中，行驶前未对通行路段进行查勘，当行驶到路基松软、坑洼不平的田间狭窄土路时，没有减速缓行，而是盲目冒险行驶，操作失误是造成本次事故的直接原因。

案例 74

事故经过：2013 年 6 月 13 日 11 时左右，陕西省凤翔县农机驾驶人张某，驾驶陕 03/XXXXX 号联合收割机在甘肃灵台县邵寨镇东郭村沿生产路转移时，操作失误，造成收割机左翻，驾驶人受伤。

事故原因：张某农机安全生产意识差，违反《陕西省农业机械安全操作规程》第十三条“转移作业场地时，机组应调整为运输状态。通过街道、村镇等复杂路段时，应减速缓行，必要时应当有专人护送”的规定，缺少农机田间作业基本经验，在驾驶、操作联合收割机转移过程中，事先未对通行道路进行查勘，当行驶到坑洼不平的田间狭窄土路时，没有减速缓行，而是盲目行驶，麻痹大意，操作失误是造成本次事故的直接原因。

案例 75

事故经过：2012 年 6 月 7 日 14 时许，陕西省汉中市汉台区农机驾驶人杨某，驾驶陕 07/XXXXX 号久保田 588 型联合收割机，在甘肃省徽县两铺镇张滩村收割小麦作业时，由于作业田块土地松软，作业至地边时，因操作失误导致收割机压塌田坎后倾斜侧翻，造成收割机多处损坏的农机事故。

事故原因：杨某农机安全生产意识不强，违反《陕西省农业机械安全操作规程》第十三条“进入田间作业前，应踏查作业田块，清除石块、木桩等障碍物，并在崖边、墓地、陷坑、井、渠等处设立标志”的规定，在驾驶、操作联合收割机作业过程中，作业前未对作业田块地形进行查勘，当作业至地边田坎处时，忽视安全，冒险作业，操作失误是造成本次倾翻事故的根本原因。

案例 76

事故经过：2011 年 6 月 18 日 13 时许，陕西省蒲城县农机驾驶人王某，驾驶陕 05/XXXXX 号联合收割机在铜川市宜君县西村乡东定龙村田间收获小麦作业过程中，由于驾驶人在地头倒车时操作失误，致使联合收割机坠入 5 米深的土崖下，造成驾驶人受伤，联合收割机多处严重损坏的农机事故。

事故原因：王某农机安全生产意识差，违反《陕西省农业机械安全操作规程》第十三条“进入田间作业前，应踏查作业田块，清除石块、木桩等障碍物，并在崖边、墓地、陷坑、井、渠等处设立标志”的规定和第十七条第八项“倒车时应当先发出信号，确认无障碍后，缓慢倒退，并随时做好刹车准备。复杂路段倒车应有专人指挥”的规定，在驾驶、操作联合收割机作业过程中，作业前未对作业田块周围地形进行查勘，没有在沟边、崖边、墓地、陷坑、井、渠等处设立安全提示标志，在地头倒车时未观察周围及机后情况，而是盲目倒车，操作失误是造成本次事故的直接原因。

案例 77

事故经过：2010 年 6 月 5 日 11 时许，陕西省扶风县农机驾驶人冯某，驾驶陕 03/XXXXX 号联合收割机，在本村农田收割小麦调

头倒车过程中，因驾驶人未对作业场地进行认真查勘，在危险地段未做警示标志，当行驶到地头沟边时，由于操作失误，致使联合收割机坠入 7 米深的斜坡下，驾驶人冯某及时跳车，未受伤害，造成收割机严重损坏的农机事故。

事故原因：冯某违反《陕西省农业机械安全操作规程》第十三条“进入田间作业前，应踏查作业田块，清除石块、木桩等障碍物，并在崖边、墓地、陷坑、井、渠等处设立标志”的规定和第十七条“倒车时应当先发出信号，确认无障碍后，缓慢倒退，并随时做好刹车准备。复杂路段倒车应有专人指挥”的规定，在驾驶、操作联合收割机作业过程中，作业前未对作业田块周围地形进行查勘，没有在沟边、崖边、墓地、陷坑、井、渠等处设立安全提示标志，在地头倒车时未观察周围及机后情况，而是盲目倒车，操作失误是造成本次坠沟事故的直接原因。

案例 78

事故经过：2010 年 6 月 18 日 13 时许，陕西省彬县农机驾驶人赵某，驾驶陕 04/XXXXX 号联合收割机在武功县武功镇凉马村西堡农田收麦时，因驾驶人在作业前未对作业场地进行查勘，在危险地段未设立警示标志，在地头调头倒车时，操作失误，致使联合收割机坠入 5 米深的崖下，造成驾驶人赵某重伤，收割机严重损坏的农机事故。

事故原因：赵某农机安全生产观念欠缺，违反《陕西省农业机械安全操作规程》第十三条“进入田间作业前，应踏查作业田块，清除石块、木桩等障碍物，并在崖边、墓地、陷坑、井、渠等处设立标志”的规定和第十七条“倒车时应当先发出信号，确认无障碍后，缓慢倒退，并随时做好刹车准备。复杂路段倒车应有专人指挥”的规定，在驾驶、操作联合收割机作业过程中，作业前未对作业田块周围地形进行查勘，没有在沟边、崖边、墓地、陷坑、井、渠等处设立安全提示标志，在地头倒车时未观察周围及机后情况，而是盲目倒车，操作失误是造成本次坠崖事故的根本原因。

案例 79

事故经过：2011 年 7 月 10 日 15 时许，甘肃省灵台县杨某，驾

驶陕西省长武县赵某的陕 04/XXXXX 号联合收割机，在宁夏回族自治区固原市开发区淀粉厂对面田间土路转移行驶时，由于路面狭窄，操作失误，导致联合收割机压塌路肩坠入 4 米深的沟内，造成收割机多处严重损坏的农机事故。

事故原因：杨某农机安全生产意识不强，违反《陕西省农业机械安全操作规程》第十三条“转移作业场地时，机组应调整为运输状态。通过街道、村镇等复杂路段时，应减速缓行，必要时应当有专人护送。机具任何部位不得放置有碍安全的物品，不得随意乘人”的规定，在田间狭窄土路行驶转移时，未查看确认通行安全情况，冒险行驶、操作失误是造成本次坠沟事故的直接原因。

案例 80

事故经过：2011 年 9 月 27 日 10 时许，陕西省武功县农机驾驶人王某，驾驶陕 04/XXXXX 号联合收割机，在武功县贞元镇镇北村田间收获小麦作业完毕返回途中，由于田间土路狭窄，下雨路滑、路基松软，驾驶人操作失误，导致收割机坠入 8 米余深的土崖下，造成联合收割机多处损坏及乘员马某重伤的农机事故。

事故原因：王某农机安全生产意识差，违反《陕西省农业机械安全操作规程》第十三条“转移作业场地时，机组应调整为运输状态。通过街道、村镇等复杂路段时，应减速缓行，必要时应当有专人护送。机具任何部位不得放置有碍安全的物品，不得随意乘人”的规定，在驾驶、操作联合收割机作业完毕返回过程中，事先未对通行道路进行查勘，当行驶到雨后路基松软、坑洼不平的田间狭窄土路时，没有减速缓行，而是盲目行驶，操作失误是造成本次坠崖事故的直接原因。

案例 81

事故经过：2011 年 6 月 13 日 12 时许，陕西省西安市长安区农机驾驶人赵某，驾驶陕 01/XXXXX 号联合收割机，在渭南市蒲城县原任乡程家村收割小麦，在地头调头倒车过程中，赵某操作失误，踩踏离合器摘挡时，脚底打滑使倒挡没有退下，收割机突然向后倒退，坠落于 4 米深的崖下，造成驾驶人重伤，收割机损坏的农机

事故。

事故原因：赵某违反《陕西省农业机械安全操作规程》第十三条“进入田间作业前，应踏查作业田块，清除石块、木桩等障碍物，并在崖边、墓地、陷坑、井、渠等处设立标志”的规定和第十七条“倒车时应当先发出信号，确认无障碍后，缓慢倒退，并随时做好刹车准备。复杂路段倒车应有专人指挥”的规定，当作业到在地头调头倒车时，没有观察周围及车后情况，而是盲目行驶，操作失误是造成本次坠崖事故的直接原因。

案例 82

事故经过：2012 年 6 月 13 日 9 时许，陕西省宝鸡市渭滨区农机驾驶人王某，驾驶陕 03/XXXXX 号联合收割机，在本村农田进行小麦收获作业过程中，在地头调头倒车时，由于王某事先未对作业场地进行查勘，操作失误，致使收割机坠入 12 米深崖下，造成驾驶人重伤、收割机严重损坏的农机事故。

事故原因：王某违反《陕西省农业机械安全操作规程》第十三条“进入田间作业前，应踏查作业田块，清除石块、木桩等障碍物，并在崖边、墓地、陷坑、井、渠等处设立标志”的规定和第十七条“倒车时应当先发出信号，确认无障碍后，缓慢倒退，并随时做好刹车准备。复杂路段倒车应有专人指挥”的规定，在驾驶、操作联合收割机作业过程中，作业前未对作业田块地形进行查勘，未在沟边、崖边等危险地段设立安全提示标志，当作业到地头调头倒车时，没有观察周围及车后情况，而是盲目行驶，操作失误是造成本次坠崖事故的直接原因。

案例 83

事故经过：2012 年 5 月 31 日 8 时许，陕西省扶风县农机驾驶人李某，驾驶陕 03/XXXXX 号联合收割机，在河南省淅川县上集镇关帝庙村进行收获作业完毕，转移地块上坡过程中，由于路面狭窄，驾驶人操作失误，致使收割机右侧驱动轮将路沿压塌，坠入 25 米深的沟下，造成驾驶人周某当场死亡，收割机严重损坏的农机事故。

事故原因：李某农机安全生产意识不强，违反《陕西省农业机械安全操作规程》第十三条“通过街道、村镇等复杂路段时，应减速缓行，必要时应当有专人护送”的规定，在驾驶、操作联合收割机转移过程中，事先未对通行道路进行查勘，当行驶到坑洼不平的田间狭窄土路上坡时，没有预先选好合适挡位，并低速缓行，而是盲目行驶，操作失误是造成本次坠沟事故的直接原因。

案例 84

事故经过：2012 年 6 月 14 日 8 时许，陕西省三原县农机驾驶人伊某，驾驶陕 04/XXXXX 号联合收割机在淳化县方里镇西杨村进行收获作业，作业至地头倒车调头时，因操作失误，致使收割机坠入地边 4 米深的坑内，造成收割机严重损坏的农机事故。

事故原因：伊某农机安全生产意识差，违反《陕西省农业机械安全操作规程》第十三条“进入田间作业前，应踏查作业田块，清除石块、木桩等障碍物，并在崖边、墓地、陷坑、井、渠等处设立标志”的规定和第十七条第八款“倒车时应当先发出信号，确认无障碍后，缓慢倒退，并随时做好刹车准备。复杂路段倒车应有专人指挥”的规定，在驾驶、操作联合收割机作业过程中，事先未对作业田块地形进行查勘，未在沟边、崖边等危险地段设立安全提示标志，当作业到在地头调头倒车时，没有观察周围及车后情况，并做好刹车准备，而是盲目行驶，操作失误是造成本次坠崖事故的直接原因。

案例 85

事故经过：2010 年 6 月 14 日凌晨 1 时许，陕西省岐山县农机驾驶人何某驾驶陕 03/XXXXX 号联合收割机，在本村收完小麦回到家门口，将收割机违规停放在门前微坡地段，未对联合收割机采取制动和防溜措施，致使收割机溜滑到门前 3 米深的沟内，造成收割机多处损坏的农机事故。

事故原因：何某违反《陕西省农业机械安全操作规程》第十六条“在坡道停车时，制动器踏板应置于制动位置，用锁定装置锁定，挂上低速挡，并用石头等坚硬物体楔住前后轮胎。禁止在坡道上

停放车辆”的规定造成事故。

案例 86

事故经过：2013 年 5 月 30 日 14 时左右，陕西省凤翔县农机驾驶人王某，驾驶陕 03/XXXXX 号联合收割机，在该县灵山沿道路行驶，下坡时换挡失误致使收割机脱挡，造成收割机翻入 10 多米深的沟里，收割机严重受损，辅助作业人员孟某右手挫裂伤、腰椎骨折。

事故原因：王某农机安全生产意识薄弱，违反国家、部省有关联合收割机转移，通过复杂陡坡路段时，应谨慎驾驶、减速缓行，必要时应当有专人护送的规定和《陕西省农业机械安全操作规程》第十七条“上坡时应预先选好挡位，保障机车有足够的爬坡动力。下坡时，应利用发动机的牵阻作用及制动器低速行驶”的规定，而是在坑洼不平的田间狭窄土路转移，下坡时换挡不进，操作失误是造成本次事故的唯一原因。

案例 87

事故经过：2013 年 6 月 7 日，陕西省渭南市临渭区农机驾驶人杨某，驾驶陕 05/XXXXX 号收割机，在蓝田县田卫乡进行小麦收割作业，在地头倒机调头时，因对机后情况观察不仔细，致使收割机将机后的麦主白某压成重伤。

事故原因：杨某农机安全生产意识薄弱，违反《陕西省农业机械安全操作规程》第十七条“倒车时应当先发出信号，确认无障碍后，缓慢倒退，并随时做好刹车准备。复杂路段倒车应有专人指挥”的规定，在地头倒车时因对机后情况观察不周，忽视安全、麻痹大意，操作失误是造成本次事故的直接原因。

案例 88

事故经过：2013 年 6 月 2 日 2 时左右，陕西省西安市临潼区农机驾驶人曹某，驾驶陕 01/XXXXX 号收割机，在临潼何寨圣力寺村进行小麦收割作业，因对周围环境观察不仔细，在地头倒机时操作失误，致使收割机掉入 4 米多崖下的渭河中，造成收割机多处损坏。

事故原因：曹某违反《陕西省农业机械安全操作规程》第十三条“进入田间作业前，应踏查作业田块，清除石块、木桩等障碍物，并在崖边、墓地、陷坑、井、渠等处设立标志”的规定和第十七条“倒车时应当先发出信号，确认无障碍后，缓慢倒退，并随时做好刹车准备。复杂路段倒车应有专人指挥”的规定，事先未对作业场地进行查勘，作业至地头倒车调头时麻痹大意，操作失误是造成本次事故的唯一原因。

案例 89

事故经过：2013 年 6 月 9 日 21 时左右，陕西省户县农机驾驶人杨某，驾驶陕 01/XXXXX 号联合收割机，在永寿县马坊镇沿道路倒车时，操作失误，将行人卢某撞倒受重伤。

事故原因：杨某欠缺农机安全生产作业基本常识，违反《陕西省农业机械安全操作规程》第十七条“倒车时应当先发出信号，确认无障碍后，缓慢倒退，并随时做好刹车准备。复杂路段倒车应有专人指挥”的规定，倒车调头时对周围及车后情况观察不够，麻痹大意，操作失误是造成本次事故的重要原因。

211 其他原因引发的事故

农机安全操作规程及相关法规，是保障农机安全生产的法律规范和安全技术规范，只有遵章守规，按章操作，才能避免事故发生。有些联合收割机驾驶操作人员及辅助作业人员，往往没有认真学习相关农机安全生产法律法规和安全操作规程，有些人尽管学了法，也懂法，却在生产实践中违规违法，没有事故防范意识，故而酿成惨剧。对于农机驾驶操作人员而言，对待农机事故要有“一日被蛇咬，十年怕井绳”的谨慎思想，牢记自己及他人的事故教训，时时处处遵章守规，按章操作，预防农机事故发生。驾驶、操作联合收割机倒车、起步时，要事先发出信号，观察机车后部及周围情况，确认安全后，方可解除制动，平稳倒车或起步；卸粮时禁止人进入粮仓或用铁锹等硬物助推籽粒，禁止将手伸入出粮口或排草口排除堵塞；联合收割机驾驶室乘坐人员不得超过行驶证上核定的载人数，严禁在粮仓等部位违法乘坐人员；严禁在未停止发动机运转的情况下进行检修、保养、排除故障、清除缠草、泥土、清理粮仓

等项工作。

案例 90

事故经过:2011 年 5 月 30 日 14 时许,陕西省扶风县农机驾驶人李某雇佣河南省南阳市镇平县城郊乡徐桥村王某驾驶豫 RXXXXX 号重型仓栅式半挂车,装载拉运其联合收割机,李某雇请的联合收割机驾驶人赵某违规站在联合收割机粮仓内,沿镇平境内 207 国道由北向南行至与 312 国道交叉口北 125 米处时,与中国联合网络通信有限公司镇平县分公司架设的横跨道路的光缆、钢索相挂,造成赵某当场死亡的交通事故。

事故原因:王某、赵某违反《中华人民共和国道路交通安全法实施条例》第五十四条“重型、中型载货汽车,半挂车载物,高度从地面起不得超过 4 米,载运集装箱的车辆不得超过 4.2 米”的规定和第五十五条“载货汽车车厢不得载客。在城市道路上,货运机动车在留有安全位置的情况下,车厢内可以附载临时作业人员 1～5 人;载物高度超过车厢栏板时,货物上不得载人”的规定,违章载人,超高装载,麻痹大意是造成本次事故的重要原因。

案例 91

事故经过:2012 年 5 月 1 日 10 时许,陕西省渭南市临渭区农机驾驶人乔某,驾驶陕 05/XXXXX 号联合收割机在四川省绵竹市土门镇收割作业卸粮时,在未切断动力的情况下,其子进入粮仓助推麦粒,不慎衣服被均粮搅龙卷入,人随搅龙在粮仓转动,造成其子乔某多处严重受伤的农机事故。

事故原因:乔某欠缺农机安全生产基本常识,违反《陕西省农业机械安全操作规程》第二十六条“卸粮时禁止用铁锹等铁器在粮箱内助推籽粒或人爬进粮箱助推籽粒”的规定,在未停机的情况下,允许其子进入粮仓助推麦粒,忽视安全是造成本次农机伤人事故的重要原因。

案例 92

事故经过:2012 年 5 月 20 日 15 时许,陕西省宝鸡市扶风县机主傅某,聘请同村农机维修人员在自己家中检修自营陕 03/XXXXX 号联合收割机时，在焊接损坏的收割机部件过程中，傅某在未关闭电焊机电源的情况下移动收割机，致使电焊机漏电造成傅某中电身亡。

事故原因：傅某违反《陕西省农业机械安全操作规程》第十三条“起步时应先发出信号，确认无障碍后，方可解除制动，平稳起步”和《陕西省农业机械安全操作规程》第七条“禁止乱拉、乱接电线和使用挂钩线、破损线及爬地线”，“禁止在电气无防护罩时进行作业”的规定，启动收割机时未仔细观察周围情况，在电焊机与收割机未脱离的情况下移动收割机，麻痹大意、忽视安全是造成本次事故的重要原因。

案例 93

事故经过：2012 年 5 月 28 日 12 时许，陕西省西安市户县农机驾驶人王某，驾驶陕 01/XXXXX 号联合收割机，在河南省镇平县卢医镇徐沟村收割小麦转移时，由于路面狭窄，操作失误，造成收割机倾斜，为防止收割机侧翻，本地村民康某帮忙看路，从收割机旁通过时，由于离收割机过近，右手不慎触到收割机，导致其右手大拇指被收割机传动轮皮带夹伤、严重骨折的农机事故。

事故原因：王某违反《陕西省农业机械安全操作规程》第十三条“转移作业场地时，机组应调整为运输状态。通过街道、村镇等复杂路段时，应减速缓行，必要时应当有专人护送”的规定，在复杂危险路段行驶发生险情时，处置不当是造成本次事故的重要原因。康某帮忙看路时，主动靠近正在运转的联合收割机，安全意识差，麻痹大意是造成本次事故的又一重要原因。

案例 94

事故经过：2013 年 5 月 22 日 11 时左右，陕西省渭南市临渭区农机驾驶人南某，驾驶陕 05/XXXXX 号联合收割机，在河南镇平县曲屯村道路上，在未熄火的情况下排查收割机故障，收割机皮带轮将南某左胳膊夹伤，造成筋带断裂。

事故原因：南某农机安全生产意识不强，违反《陕西省农业机械安全操作规程》第十二条“农业机械检修、保养、排除故障、清理

缠草、泥土杂物等，应在停机状态下进行”的规定，在未切断发动机动力的情况下，违规接触正在运转的机件，排查联合收割机故障，违规操作是造成本次事故的直接原因。

案例 95

事故经过：2013 年 6 月 14 日 11 时左右，陕西省西安市阎良区农机驾驶人李某，驾驶陕 01/XXXXX 号收割机，在甘肃省庆阳市宁县新庄镇卸粮作业时，在未切断卸粮离合器的情况下，其儿子李某某进入粮仓助推籽粒，造成收割机均粮搅龙将其卷成重伤的事故。

事故原因：李某农机安全生产观念不强，违反《陕西省农业机械安全操作规程》第二十六条“卸粮时禁止用铁锹等铁器在粮箱内助推籽粒或人爬进粮箱助推籽粒”的规定，卸粮作业时，在未切断卸粮离合器的情况下，允许其儿子李某某进入粮仓助推籽粒，是造成本次事故的重要原因。其儿子李某某安全意识差，自我保护能力弱，在机械运转的情况下，违规冒险进入粮仓是造成本次事故的又一重要原因。

案例 96

事故经过：2013 年 6 月 15 日 8 时左右，陕西省凤翔县农机驾驶人罗某，驾驶陕 03/XXXXX 号联合收割机，在宝鸡千阳崔家头镇进行小麦收割作业，在地头倒机调头时，收割机将麦主张某碾压致死。

事故原因：罗某缺少农机安全生产基本经验，作业前未将非作业人员清除出农机作业现场，违反《陕西省农业机械安全操作规程》第十七条“倒车时应当先发出信号，确认无障碍后，缓慢倒退，并随时做好刹车准备。复杂路段倒车应有专人指挥”的规定，在地头倒车调头时，对机后及周围情况观察不周，盲目倒车是造成本次事故的重要原因。麦主张某违反《陕西省农业机械安全操作规程》第四条“禁止非操作人员进入农机作业现场”的规定，自我保护能力差，安全意识不强，主动靠近正在作业的联合收割机是造成本次事故的又一重要原因。

案例 97

事故经过：2013 年 6 月 24 日 16 时左右，陕西省渭南市临渭

区农机驾驶人张某，驾驶陕05/XXXXX号联合收割机，在河北省保定市涿州市东坡镇田间作业时，听到发动机异常，在未熄火的情况下，张某爬到发动机上排查故障，左腿被转动的皮带轮夹成重伤。

事故原因：张某欠缺基本农机安全生产常识，违反《陕西省农业机械安全操作规程》第十二条“农业机械维修、保养、排除故障、清理缠草、泥土杂物等，应在停机状态下进行”的规定，在未切断发动机动力的情况下，违规接触正在运转的机件，排查联合收割机故障，忽视安全、麻痹大意是造成本次事故的直接原因。

212 火灾事故

联合收割机驾驶操作人员应认真学习、阅读国家、部省相关农机安全法规和所驾驶操作的农业机械说明书等技术资料，熟悉机械构造、原理及安全操作、检修保养规程，按规定对收割机分别进行各种号别的检查、检修、保养；在驾驶操作联合收割作业时，每天作业前，应对机械进行安全查验，及时排除安全隐患，发现电气系统电线老化、破损、接触不良，应及时检修更换；及时停机清理发动机、排气管处附着堆积的油污和作物秸秆及残渣，避免长时间作业和超负荷作业造成发动机和排气管过热引发的火灾事故；严禁在联合收割机上私自安装电器设备或改装电路，防止因电路过载或短路导致线路自燃引起的农机火灾事故。

案例98

事故经过：2012年5月31日15时许，陕西省蒲城县农机驾驶人何某，驾驶陕05/XXXXX号联合收割机，在河南省邓州市赵集镇桥湾村农田进行收割作业过程中，因发动机过热引起堆积在发动机周围的麦草着火，造成联合收割机严重烧毁的农机火灾事故。

事故原因：何某在收割作业过程中未及时对联合收割机发动机和排气管处堆积、黏附的麦草及残渣进行清理，联合收割机长时间作业，导致发动机和排气管处过热，引起麦草自燃，缺少农机安全生产基本常识是造成本次农机火灾事故的直接原因。

案例 99

事故经过:2012 年 6 月 3 日 15 时许,陕西省渭南市临渭区农机驾驶人党某,驾驶陕 05/XXXXX 号联合收割机,在河南省唐河县桐寨铺镇梁家村田间进行小麦收获作业时,由于作业时间长,发动机处堆积、黏附大量麦草及残渣,导致发动机、排气管过热引燃麦草,造成联合收割机整机烧毁的农机事故。

事故原因:党某在驾驶、操作联合收割机作业过程中,未及时对联合收割机发动机及排气管处堆积、黏附的麦草秸秆及残渣进行清理,收割机长时间作业导致发动机、排气管处过热引起麦草自燃,欠缺农机安全生产的基本常识是造成本次农机火灾事故的直接原因。

案例 100

事故经过:2012 年 6 月 9 日 15 时许,陕西省华县农机驾驶人李某,驾驶陕 05/XXXXX 号联合收割机在本乡沙弥村农田进行收割作业过程中,发动机处突然着火,造成收割机整机和大片麦田作物被烧毁的农机事故。

事故原因:李某擅自给联合收割机安装空调线路,违反《陕西省农业机械安全操作规程》第六条"电气装置及线路完整无损,安装可靠,性能良好,不得短路、断路、漏电"的规定,缺乏安全常识,自以为是,安全意识不强是造成本次农机火灾事故的直接原因。